登頂

喜馬拉雅山的淬鍊

克服挑戰的應變關鍵

江衍欣 著

推薦序1

積蓄能量 挑戰高山精神

多年前攀登聖母峰基地營，引來不少讚歎聲，反而讓自己十分心虛。因為，很多人以為喜馬拉雅山就是聖母峰，基地營位在聖母峰之上，實非如此。

喜馬拉雅山是兩千五百公里長的山脈，因歐亞兩大版塊相擠壓，於是產生諸多七、八千公尺的高山；聖母峰是最高峰八千八百四十八米。而基地營則是位於聖母峰山腳下，高度只有五千三百三十七米。

基地營是所有要攀登聖母峰登山高手的基礎營地，他們在此儲備物品糧食，也在此適應當地高度與溫度。

然而，「先在較低的地方站穩腳步，然後試著向較高的目標挑戰，等待確定自己能夠晉升高處時，再向上移」，這是職場上所必備的基本方法與態度。蹲馬步並非停滯前進，而是積蓄能量。謀定而後動的人，才能從容自在。

正如作者把挑戰高山的精神運用在管理上，才能勇往直前，最後登頂成功。登山正是培養能力的最佳方式！

——王品集團董事長 **戴勝益**

推薦序2

用心淬煉而成的眞知灼見

登山前一定會先有個目的地，然後思考過程中要準備什麼、決定何時出發、找志趣相同的伙伴同行，隊員中有人經驗老道，有人經驗不足，身爲領導者如何帶領團隊順利登頂，需要高度的智慧和技巧。

「好的管理要簡單化」，卻一點都不簡單。如何從消費者看答案，從使用者立場找答案，以及如何在正確的時間做出正確的判斷更是一門學問。

國內有許多成功的管理者，每位都有獨特的管理風格和著作，不過我認爲找出管理者在做什麼並非難事，難在如何詮釋他們的行爲，《登頂．喜馬拉雅山的淬鍊》書中談到從登山學自我管理，鼓勵管理者需在各個角色之間保持完美的動態平衡，從根本和全面詳盡探討管理的重要實務。假如，你想要的是藉由管理經驗淬煉所積累的眞知灼見，這本書頗堪玩味，值得你細細品嚐。

衍欣是我的好朋友，也是我重要的事業夥伴，在歐德集團委任的事業部中經營績效更是卓越。投身產業工作二十餘年，看了這本書，深深感受到衍欣對管理實踐的珍視與用心，書中諸多論述讓我深有同感，對現在或未來的管理人，我鄭重推薦此書，同時也感謝「博思智庫」出版此書以饗讀者。

陳國都
——臺灣歐德集團董事長

推薦序3

一個穩健踏實的表率

我常在課堂上強調，成功需要五心——有心、用心、虛心、責任心、學習心——兼具的人。

從輔導到課堂上這十多年來，不間斷看到江總的身影，讓我更加相信我的論點。一個沒顯赫家世背景的青年，把持肯幹、虛心、實證精神，一路躍升到經營者層次，仍然謙虛學習，著實值得我特爲推薦與讚賞。

社會上有許多稍有成就或稍有知名度就自覺不可一世，因此放棄學習的人，這種現象卻讓我發現衍欣在同儕中的差異之處，也證明他爲何能不斷成長與進步的原因。

多年來，我不斷倡導「計劃經營」和「績效經營」，更建議台灣企業要重視「行銷」勝於「推銷」的經營模式，強調彼得．杜拉克（Peter Drucker）在《管理》巨著中所提及實證（Practice）的重要性，都在江總身上看到實績。

近年我更鼓勵「獨樂樂不如衆樂樂」的共識學習，看見他運用在團隊經營之中，帶領出一般企業所沒有的「幹練共識與向心的管理團隊」，這正是成功領導的卓越技巧。

四十多年的教學與產業實證歷程，被我特別肯定與推薦的人與企業著實不多，衍欣卻是我默默觀察中甚爲肯定的人。在他成長過程，明白分寸、懂得角色職責，達上位後並沒因而傲視他人或過度自滿，仍不斷學習更新有效的管理方法，確實印證我一直強調的「轉念、轉變與轉型」的成長與經營之道。

不論個體或企業體，當今正面臨經濟學家熊彼得（Joseph Alois Schumpeter）所說：「這是一個破壞性創新的年代」，一個全新的經營環境，不論市場、產業、經濟或人力等，都不再能用過去的經驗與方法處理與應對。

我在《登頂．喜馬拉雅山的淬鍊》一書，看到衍欣將不斷學習的方法實證於攻頂活動，歸納出自我的管理心法，值得讚賞與肯定，這樣一個穩健踏實的表率，更值得推薦給大家。

陳宗賢
聯聖企管集團創辦人

推薦序4

管理智慧的結晶

我與衍欣是這趟聖母峰基地營遠征活動（EBC）同行伙伴，除了有表兄弟姻親關係之外，也同是出生於桃園大溪鄉村的田莊囝仔，有相似的成長背景，有同質的童年回憶，長大後成家立業各自努力，偶然一次親友喜宴聚會時，衍欣神色飛揚喜孜孜的分享他兩年前參與聖母峰基地營遠征活動（EBC）的快樂心得與經驗，還再次計劃呼朋引伴重踏征途，就這樣被說服打動，決定加入所謂「散兵游勇」的成員之一。

「讀萬卷書，行萬里路。」我是一個從公職服務退休的臨床獸醫師，終日爲動物的健康把關忙碌著，過去也曾偷閒攀登臺灣百岳的經驗，因此當衍欣談及海外登頂活動，心中就難免興奮與期待。

哲學家蘇格拉底曾說過：「未經檢視的人生是不值得活的！」每件事的成功價值取決於它的故事性，有機會與識途老馬的表弟同行，重新檢視自己的人生風景，相信必能豐富更多的閱歷。

「障礙是你成長的機會——大石橫路，弱者視爲通行障礙，勇者視爲進步的階梯。」把彎路走直是聰明，因爲找到了捷徑；把直路走彎是豁達，因爲可以看到更多的風景，聖母峰基地營遠征活動（EBC）這段行程雖然辛苦，卻多采多姿。我見到每位成員蘊藏心底的夢想一一落實，容顏洋溢著自信，血液交融著骨氣，不求事事如意，只願展現毅力與勇氣，這份信念讓我們終能克服困難，平安返抵國門。

生命因爲目標而有了意義，不敢嘗試，注定是失敗的人生。當目標明確，就不會精疲力竭，正如空氣對生命的重要性。

人的強大，始於內心，衍欣正是一位與成功有約的企業領導者，把登山與管理的理念有層次地融合陳述。

《登頂．喜馬拉雅山的淬鍊》是登山者與管理者的心靈對話，值得你細細品味管理智慧的結晶。

蕭火城 醫師
國立臺灣大學獸醫學系

目錄

推薦序

積蓄能量，挑戰高山精神——戴勝益（王品集團董事長）——04

用心淬煉而成的眞知灼見——陳國都（臺灣歐德集團董事長）——05

一個穩健踏實的表率——陳宗賢（聯聖企管集團創辦人）——06

管理智慧的結晶——蕭火城（國立臺灣大學獸醫學系）——08

Chapter 1 O：objective 走向世界高峰——15

牛群、泥巴田裡打滾的莊稼漢——17

牛頭班長的完美主義——39

挑戰登頂：走向世界高峰——69

▲ Robert 管理關鍵筆記一——78

Chapter 2 P：project 計劃從腳上落實——81

登山，一心入魂——82

整隊，各路人馬集合——105

▲ Robert 管理關鍵筆記二——119

Chapter 3 D：do 執行力，捨我其誰 121
試煉：十四天攻頂全記錄 123
▲ Robert 管理關鍵筆記三 188
Chapter 4 C：check 自我能力檢核——管理錦囊妙計 191
登山管理錦囊一：三個「不」打造鋼鐵心理 193
登山管理錦囊二：不打結的體能 200
登山管理錦囊三：裝備少哪一樣都不行 207
登山管理錦囊四：伙伴是團隊的靈魂 211
▲ Robert 管理關鍵筆記四 220
Chapter 5 A：action 危機處理——關鍵時刻的因應行動 223
登頂管理學實戰演練 226
成功領導人的五要件 230
▲ Robert 管理關鍵筆記五 244
Chapter6 後記：登山管理總體檢 247

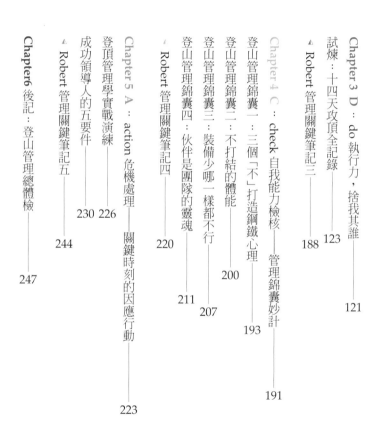

登頂地圖
各區地名與標高

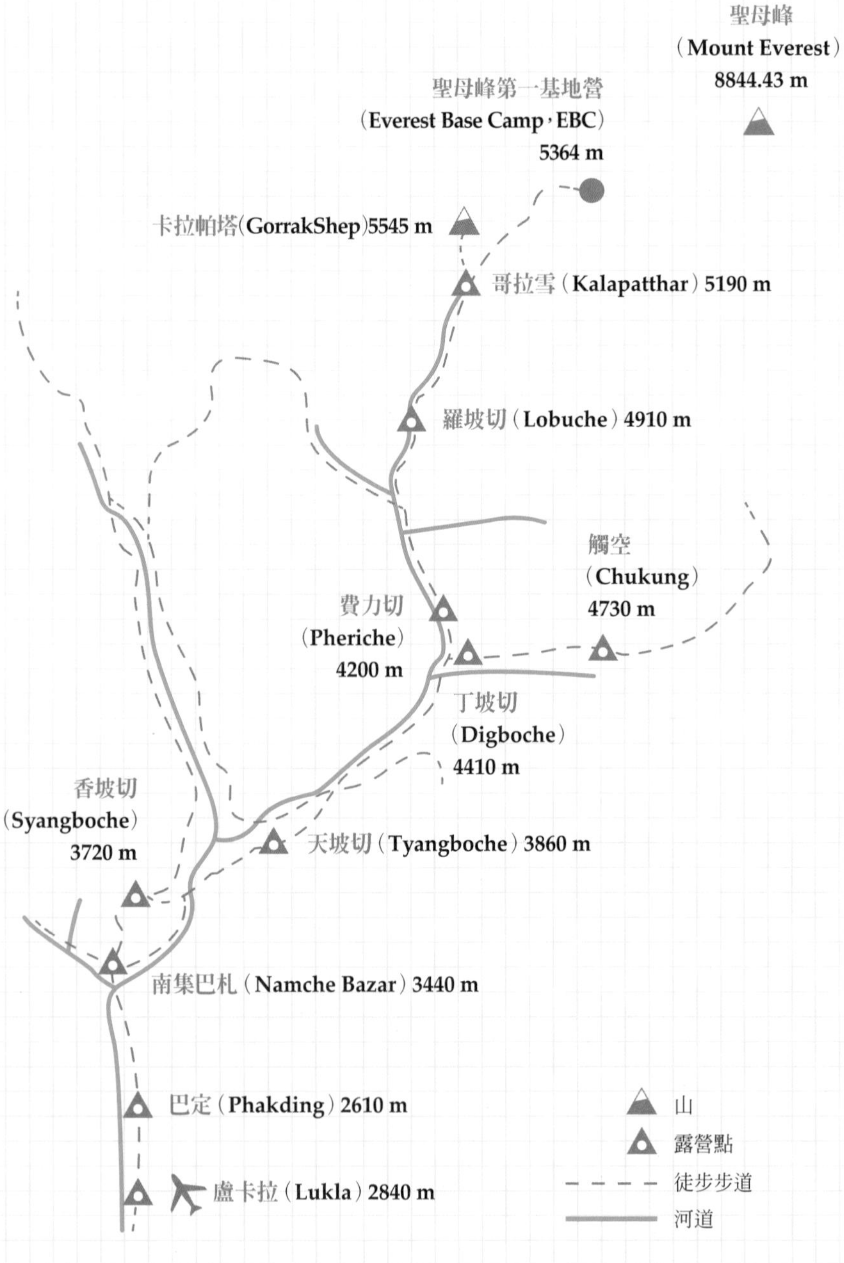

聖母峰
（Mount Everest）
8844.43 m
聖母峰第一基地營
（Everest Base Camp，EBC）
5364 m
卡拉帕塔(GorrakShep)5545 m
哥拉雪（Kalapatthar）5190 m
羅坡切（Lobuche）4910 m
觸空
（Chukung）
4730 m
費力切
（Pheriche）
4200 m
丁坡切
（Digboche）
4410 m
香坡切
（Syangboche）
3720 m
天坡切（Tyangboche）3860 m
南集巴札（Namche Bazar）3440 m
巴定（Phakding）2610 m
盧卡拉（Lukla）2840 m
山
露營點
徒步步道
河道

Chapter_01 × Objective

走向世界高峰

方向對了，
再遠的路都能到達。

「嘿！」我朝著勝雅蹣跚的步伐，喊了出聲：「勝雅，加油喔！」

同樣滿身疲憊的我，隨後停下腳步，微笑對她說：「來吧，休息一下，我們先在這裡看看風景。不過待會一定會有更美的景色，咱們都不要錯過喔！」

重新調整呼吸，握拳相擊，從彼此肯定的眼神裡，彷彿看見目的地就在不遠的前方。

是的，辛苦過後，往往看見另一番大山大水，屢屢在精疲力竭，用田莊囝仔的毅力、耐力替自己和他人充電加油，重新找回前進的動力……。

二〇一四年三月十二日舉辦「農耕體驗活動」，邀請清水國小學童於大溪住宅前的農田，實際感受傳統農務樂趣，我與家母再次下田示範插秧，喚回舊日土地之情。

牛群、泥巴田裡打滾的莊稼漢

「阮兜的囝仔怎麼會在牛下面企逃！」

我是標準大溪鄉下，五年四班農家子弟，對於農地有著一份特殊的情感。

小時候可以說是在泥巴田裡打滾長大，吃、喝、玩、樂都離不開田地，因爲與土地的近身接觸，精壯的體型，黝黑的皮膚，一副標準田莊囝仔健康開朗的務實性格。

「庄腳囝仔甚麼不懂？」說到你懂就鬍鬚打結。

「庄腳囝仔甚麼不會？」最厲害的就是耐操和厚皮。

在我四歲的時候，農務正繁忙的季節，我就必須跟著爸爸、媽媽到田邊，他們忙著工作，我則在田邊玩耍。

有一次當我獨自在田邊，家裡頭的牛，不知道什麼原因跟了過來，我竟然也糊里糊塗地跑到牛的四隻腳中間，等到意會到身處龐然大物之中，驚惶害怕的放聲大哭。

不過，牛仔並沒有做出任何傷害我的舉動，只是靜靜地站在那兒吃草，直到媽媽回神發現。

「阮兜的囝仔怎麼會在牛下面，眞是好家在，沒被牛踢死喔！」

這段往事，每次母親攏會在家庭聚會提起，大家在哄堂大笑之餘，心裡頭有股溫熱。

這就是我跟土地深厚的淵源，長大的我，不減對自然的熱愛，「一步一腳印」走遍台灣百嶽，更興起遠征喜馬拉雅山的雄心壯志！

田莊囝仔的光榮疤痕

「來去洗身軀囉！」這真是忙碌一日後最開心的時間。

身上多的是農作疤痕，都與土地息息相關，自己「歡喜做，甘願受」，從來就沒有什麼委屈難過，反而還有一種隱約的驕傲，這是屬於田莊囝仔獨有的光榮標記！

除了農作留下的痕跡，還有一個驚心動魄的記號：在我七、八歲左右，還是個需要用大灶來燒開水的年代，煮開的水可供飲用、洗澡或做其他用途，養豬的熱水也是這樣來的。

那天熱水燒好了，準備自己洗澡，因爲灶頭比我的身子還要高，所以只好墊著椅子，左撇子的我，正當一瓢瓢專心地舀著熱水，怎知一個踉蹌，水就往自己左邊身上潑倒下來。

一時意識恍惚，只知道直喊：「燒！燒！燒！」在原地暴跳不停。

「欣仔！發生甚咪代誌？」哥哥聽到吶喊後，趕緊跑過來，拿起水瓢舀起冷水往我身上沖。

「就燒ㄟ！就燒ㄟ！」我仍一直喊燙，他忽然靈機一動把我衣服脫掉，整片皮膚被燙出紅疤，甚至起了水泡，涼水依舊不斷往身子沖，令我又燒又冷。

「擱ㄟ痛麥？」我點點頭，熱疼的感覺依然存在，隔壁伯母聽到我在哭，在鄉村醫藥還不發達的時代，一手拎了豬油、醬油，直往我左側起泡的身上抹去，當下覺得涼涼、油油的，慢慢也就沒有那麼痛了。

原本享受的活計成了折磨，癒合之後，便在我身上形成一道很大的疤痕，時時提醒著我：「小心就是本」，否則下回滾落下來的就不只是熱水而已，可能還包括寶貴的性命。

「登高」之前，得有萬全的準備工作。

家禽達人第一名：雞鴨豬逗陣走

「雞仔，排隊吃米囉！」

「番鴨趕快進來，一個一個來。」

「小豬仔，沖涼洗屁屁喔！」

在我六、七歲已然懂事的時候，家裡庭院放養的雞鴨豬等農家庶務，就交由我們三兄弟全權接管。

牲畜和人一樣具有脾氣，你對牠好不好，牠其實都知道，讓我明白不管對象是誰，絕對都要真心誠意，馬虎不得。

可愛的豬圈平日倒還平靜，只要固定餵食清潔即可；但是跑跳不休的雞、鴨則不同，成爲我們上學前或放學後，非常重要的任務，包括放養後需一個不少地趕回柵欄。

鄉下人家的雞鴨都有自己的特殊記號，用來避免萬一混在一塊的時候，可以透過記號找回自家的孩子，也因此我很早就能從「雞兔同籠算不清」的難解習題中畢業！

我自己就替牠們一個個取了名字，阿豬阿花小明蘋果，誰叫誰都不會搞錯。

父母親當年的結婚照

有一次颱風來了，鴨子跑到附近柳樹池，鴨子隨著大水流到兩、三甲地大的池塘中央，水深及膝，抓不回來的我們不敢回家，最後是大人來找「盼見的囝仔賊」，當然免不了一頓責罵。

對於爸媽賦予的家族責任，每個人都有自己該盡的義務，沒有好好完成它，受到處罰毫無怨言，這些難以預料的過程，反倒使我記取了教訓，明白風險管理的重要。感謝這群胖瘦相摻雜牌軍，讓我懂得了負責與承擔。

我家阿公是藝術家

「乖孫，你看這隻龍畫得有活某？」阿公神氣的對我說著。

「快點，幫我將這塊帆布吊起豬公棚頂面！」

「我身軀不夠高啦。阿兄你來！」

「江」姓是大溪比重爲多的族姓之一，傳統地方上保有殺豬公的習俗，每年是庄頭不得了的大事，江家大細漢更是全體總動員。

那個時候包含阿公、阿嬤、爸爸、媽媽，還有江家三兄弟，一家七口住在土角厝，家裡的豬公棚就是藝術家阿公自己畫的。

我還是一個好幫手，幫阿公把他畫的龍、鳳、獅子，還有很漂亮的五色彩紙，黏到豬公棚的架上，展現出江家獨有的祭祀裝飾，到現在我還是覺得頗驕傲，能夠幫阿公完成這些作品。

阿公是一個識字的人，精通中日語，日治時代能夠識字並不簡單，所以地方上需要處理一些關於公共行政或文書資料，或有其他糾紛的時候，阿公就會成爲大家的「公親」，幫忙解決糾紛。

除此之外，阿公還是一位地方戲曲老師，傳統二胡、嗩吶、鼓、鑼等，都是他的拿手項目；每到過年期間，阿公都要跟著戲班巡演，做地方慶典的樂曲伴奏，忙到農曆大概二十幾號左右，才從外地風塵僕僕地趕回來。

「我身騎白馬走三關」、「三娘教子你不知義」、「關羽華容放曹賊」……一齣齣名劇由名伶俐落身段演出，吸引著台下的大叔大嬸，個個聚精會神，一下叫好，一下皺眉。因爲阿公的影響，某個因緣際會下，我也接觸到傳統音樂及戲曲，養成了音樂聆賞的興趣。

允文允武的阿公在我心目中，像是一盞指路燈，在我生命的「雪盲時刻」，引領我走出迷霧山頭，看得更高更遠！

江家「出丁」有名聲，自作「蝦籠」賺零用

「欣仔，你看鱔魚捏！」二哥率先開胡，才幾分鐘就有收穫。

「我抓到泥鰍啦！」等待半天的大哥終於也喊聲。

阿伯生四個查甫，我爸生三個查甫，一時間鄉里廣爲稱頌，身爲「七壯丁」其中一員，讓我與有榮焉！

每年大溪農曆六月二十四日的關聖帝君誕辰，身爲大溪樂安社老師的阿公，當天最是風光，因爲迎神賽會、遶境的時候，阿公是其中唯二會有人抬起他，不用走路就有風；大家稱呼他「先生」，每次聽到徒弟們喊他的時候，我就覺得與有榮焉。

當日下午，更成爲我們七兄弟最快樂的時光，我們會一起相約到某個地方等待阿公出現，阿公就會將他收到的紅包，發給我們當零用錢。

從小我們就沒有零用錢，那唯一一次得到的零用錢，讓我覺得有阿公眞棒，也因此懂得珍惜錢財！

若是想要額外的零用錢，就得自己掙。

其中一個方法是帶著小小捕魚工具——蝦籠，傍晚時分，把蚯蚓當作餌料，放到蝦籠裡頭，然後判斷哪裡會出現「旋鰡鼓」或是鱔魚，隨即把蝦籠放置在該處。「該怎麼放？有一定的技巧。」先從田裡面刮出一痕，將蝦籠靠近尾巴的地方浸在水裡，留有適當的空氣可以露出水面，這樣子抓到泥鰍或是黃鱔，才會有呼吸的地方，這也成了我們最棒的零用金來源。

有機會的話，還會在蝦籠裡面捕到蛇，尤其有毒的雨傘節，那是我們最高興的時候，因為一條雨傘節可抵一斤泥鰍的價錢，所以抓到一條，那一天就是大豐收。

我們七兄弟在「放籠」過程中，常有不期而遇的收穫，讓我體會到做任何事只要用對方法，並在其中找到樂趣，是比結果更重要的事。

抓魚跌到旋鰡鼓

「我流血了！」但我告訴自己先不要慌、不要哭。

眼淚還來不及流下，只想著趕快依原路跑回家。

家鄉附近有許多池塘，過年前會把水放乾，把抓出來的魚拿到市場去販售，讓家家戶戶餐桌都能有魚，象徵吉祥的年年有餘。

當大人把水池底想要的魚抓完之後，泥濘濕土裡面其實還有許多寶藏，包括了土虱、田鱉、鰻魚、不知名的大小魚，還有你所想像不到的螃蟹、毛蟹，都會成爲甜美的意外收穫。

有一次放學之後，得知附近一個池塘水已經放乾，大家就相約去抓魚，每個人帶著自己的工具，我手上拿了一個奶粉罐，很高興地一直跑，因爲想要抄捷徑快點到達，以便抓更多的魚。

那時候田地已經收割完成，所以我們順著田梗一路跑過去，結果一不小心跌倒了，左手割出一個大洞，心想：「糟了，割破一個洞！」趕緊把鐵罐子丟棄在旁，用右手抓緊左手，快速跑回家。

媽媽看到我的手在流血，右手緊抓著左手不放，「怎麼回事？」我虛弱回應：「我手被割到……」媽媽皺起眉：「給我看看！」

當我一放開，鮮血嘩然直流：「啊！趕快壓著！」瞬間感受到媽媽心中擔心與傷心。

父母親總是忙碌，沒有辦法隨時在身旁照顧我們，我們更不能無故受傷，造成他們的困擾與負擔，因此得學會照顧自己；但我們並非放羊的小孩，四處亂竄，在受傷時刻，親人與家園總是溫暖實在的依靠。

當時我被送到醫院，依稀記得醫生沒有縫線，隨後聽到「恰」一個銳利的剪刀聲，那一塊肉就不見了，留下一個八公分大的傷疤！

這是一個快樂的印記，在我身上永遠無法抹除。當時不覺得痛，不覺得苦，只覺得受傷了，要把它醫好；現在遇到任何困難，在甚麼地方跌倒，也告訴自己先不要只覺得痛、覺得苦，就是要跨過它；跨過它，一切就不是問題了。

等待天上掉下兩百塊

「風向往北邊，阿兄快來，做陣把網子架起來！」

每年寒暑假的賽鴿季節，也是賺取零用錢的好時機，我們會偷偷去買網子，架在鴿子的飛行路徑，等待天上掉下來的零用錢。

鴿子的習性是遇到迎風時往下低飛，我們就在該處架設網子。有一次秋末時分，我們把網子架在稻田上方，大家頭低低的躲在竹林旁邊，遠遠觀察鴿群的蹤跡。

不知道過了幾個小時，突然一大群鴿子遠遠地飛過來，當鴿子朝網子底部落下之際，我們一群人壓抑著雀躍的心情，趕緊奔上前收網，當時一隻鴿子可以賣到兩百塊，彷彿看見零用錢就抓在手上。

若干年後，聽聞隔壁堂哥因爲捕鴿子被警察抓走，被判刑兩年，我才驚覺當時做不好的示範，爲了兩百塊零用金，糊塗中冒著被警察抓去關的風險。這件事給了我很大的教訓，讓我明白除了要慎選目標、方式和活動，更要尊重合法性。

同樣地，當決策者面對到高風險的投資條件，唯有以合法管道取得致勝關鍵，才能夠心安理得享受勝利的果實。

有時候簡單務實的苦力工作，更能深刻體會出成功的秘訣。

就像國中三年級，爲了再次賺取零用，隔壁阿伯要蓋房子，我們就利用假日報名搬磚頭，把建築所需的磚塊搬到二樓，一個磚頭有五角。每一次搬磚頭的數量大概是七到八個，所以只要走一趟至少就有四塊錢；兄弟們努力朝自己的磚頭堆錢進，短短兩、三個鐘頭，我已經搬了兩百多塊磚頭了，心中莫名有一股成就感。

當時我突然發現既然捕鴿子用技巧能夠賺錢，搬磚頭用勞力也可以賺錢，那麼我何不試試用智慧來賺錢呢？

心中湧上一個念頭：「我想當老闆！」單純認爲做生意可以賺到錢，那我爲什麼不試試看？

創業路上，哥哥顯然走得比我還快，雖然他在校成績比我好，可是國中畢業之後就不再升學，爲了分擔家計，他帶了一個簡單的行囊，去了三重當黑手。我看到哥哥辛勞的一面，讓我這個做弟弟的十分敬佩，在我們兄弟一路賺取零用金的過程之中，鍛鍊出更強韌的生存意志。

石虎來了！

「快，快，快，其他人攏閃開，石虎來囉！」

鄉下農忙需要人手，所以彼此會用「換工」來互相幫助，譬如說耕田、插秧、搓草、割稻，哪家有需要，就協力完成，改天換自己有需要，別家就會「逗腳手」。

以前外公、外婆家有田園四甲，身爲老大的媽媽，不忍外公、外婆這麼辛苦整理農地，於是常常一聲令下，我們三兄弟就得拿鋤頭的拿鋤頭，拿鐮刀的拿鐮刀，全副武裝，浩浩蕩蕩走上一個鐘頭的路程，到外公、外婆家幫忙。

伯公、叔公一看到我們三兄弟，就開始大喊：「那些石虎又來了！」

一聽到稱號，我們滿是神氣，肩上的器具也就不覺得沉重，腳步繼續大步邁開，媽媽遠遠就被拋在後頭。

「哥哥爸爸真偉大……」我們邊走邊哼歌。

「走卡慢ㄟ，氣力這麼飽，等一下還有你們忙！」母親喘著氣想要追上我們。

所謂「石虎」，就是能將大石頭碎成小石頭的機械，表示我們三個的工作能力，連石頭都可以打碎，可以想見當時的我們多麼受鄉民歡迎。

國中時，家裡買了耕耘機，早期傳統的耕耘機，人走在後面操控著機器，用左右控制輪子的煞車，就能把整個田地耕完。

最忙的時節，常常同時有兩台耕耘機在外公、外婆的田地中不停工作，耕到晚上十一、二點。那種共同努力奮鬥的感覺，讓我覺得爲了完成心中的使命，再累都是

值得的。

伙伴關係，需要平日累積起來的信任，不管爲了收成的農忙，還是爲了業績的拚搏，都是團隊通力合作的成果。

雜草也能變黃金

以前除草不靠藥物，完全靠人力，台語叫「搓草」，必須屈膝跪在農地上，將雜草連根拔除，再揉成一團塞回泥土裡，成爲水稻的養份。

因爲手的幅度大小，能搆著的面積不同，所以分派不同除草的範圍。年紀小的時候，負責兩排稻子，年紀再長一點，負責三排稻子，年紀更大的時候，就是五排。

「沒有一無是處的人，放對地方就有用！」

雜草並非全然無用，只要用對方法也能變成肥料；讓我體會到職場管理同樣是這個道理：「沒有一無是處的員工，只要放對位置，每個都是人才。」

除草過程最怕炎熱和酷寒，夏天的田是會燙人的，冬天下田也是一場勇氣大考驗，三兄弟在農務中一同努力、一同耍寶、一同忍受，雖然當時偶有一絲怨言，但竹棍

子就跟著下來了，讓我們從不敢抱怨到忘了抱怨。

冷熱感受是上天所賜予，也因爲冷熱才能讓農作物適當地成長，進而有收穫；就像生命需要嘗試、工作需要歷練才會成長。

辛苦與否、困難與否，都是爲了祈求未來能夠有所展現，一旦心中有了目標，就能夠享受當下的冷熱與挫折，很慶幸我們三兄弟都能樂在其中。

我就在這樣火裡來水裡去，練就金剛不壞之身，讓我在往後攀爬世界第一高峰時，擁有極強韌的耐力與信念。

苦甘魚的目屎

「攏賣呷！」我一怒之下，把餐盤上的苦甘魚倒進廚餘桶。一個拳頭揍過來，我也反擊回去，渾身是傷的我們都沒有哭；幾分鐘後阿公說了一句話，我卻醒了！

家裡大部分的青菜都是自己種植，很少用買的，因此會想辦法爲餐桌上的菜色增添一些色彩，譬如說釣魚。我們挖蚯蚓當餌料，製作釣竿去附近一些溪流、水圳，把魚釣回來。

有一次跟哥哥在石門大圳釣到許多「苦甘魚」，回家趕緊把魚簡單地油炸後，淋上香氣騰騰的醬油，做成一道好吃的「醬製苦甘魚」，一完成哥哥就順手吃掉兩條。

「我釣得比較多，你怎麼可以先吃！」我心中不服氣。

「我吃我釣到的兩條，不行嗎？」哥哥略帶挑釁的口氣。

盛怒之下，我就把這一盤好不容易釣來的苦甘魚，全部倒進廚餘桶。

「不要吃好了，全都給豬吃。」

瞬間我跟哥哥兩個人扭打了起來，阿公聽到兩兄弟在打架，趕快跑出來制止。

阿公在家裡有很高地位，只要阿公講話，沒有任何人敢反抗，阿公問明原因後，告訴我一句話：「你這個囝仔大好大壞！學好，你可以在社會上站穩；如果學壞，你會變成大流氓。」

講完之後，我被狠狠修理一頓，罰跪在阿公的房間，好好反省。當時我對阿公充滿敬畏，他對我的訓示迴盪在我的腦海，我想到廚餘桶裡的苦甘魚：「我不樣做壞囝仔！」

因爲我的意氣用事，波及無辜的苦甘魚，就像工作中總有僵持不下的意見，總不能因爲意見相左就大打出手，除了需要有正確的判斷力，還要靠平日累積的修養。能夠管理好自己的情緒，才有辦法管理別人。

走路去「鬧熱」

「阿姊，妳返來了！很思念乀，過了好某？」

「很久沒看到阿欣，擱大漢囉！」

印象當中，以前不管到哪裡，再遠都用走路，到大溪鎮、姑婆家、三民，甚至到復興、石門水庫，都是用走路的。往往都是因爲有「鬧熱」，爲了參加活動、慶典或是婚喪喜慶，好久不見的親戚朋友才有機會相見。

跟著阿公阿嬤去親戚那裡，走路來回大概需要一天的時間，阿公阿嬤都會隨身帶些乾糧、飯糰，行路途中可以止餓；每次聚會長則一個禮拜，短則兩三天，大家在農忙結束後一起慶祝，一家子難得聚在一起，開心到忘了返家旅程的遙遠。

前進，爲了團聚；離去，爲了下次的重逢。

我在走路的記憶裡，感到人情的溫暖，儘管前方的路依然漫長，因爲有夢，所以永遠在路上。

父親與我的合影，背後是藝術家阿公繪畫裝飾的豬公棚

阿爸阿母辛苦甲阮晟

「你們若會讀書，要盡量讀，我一定栽培你們！」媽媽告訴我們。

還記得七歲時，家裡爲了迎接廟會正在殺豬公，我和爸爸在喜慶場合拍了唯一的一張合照，阿爸帥氣的身影永遠留在這張相片上頭。

阿爸不喜歡讀書，因此在小學二年級選擇不讀書，都用勞力賺取生活所需，跟職業是老師的阿伯成了強烈對比。

阿爸是勞力工作者，需要大量體力勞動的礦工、搬石、搬沙、背水泥、送貨等粗重的工作樣樣難不倒他，但是得用腦袋的，任何一個小問題就可以考倒他。

他下工後唯一的娛樂是喝酒，因此常常醉倒在各種工作場合，當阿爸喝醉的時候，我們兄弟們成了「紅衛兵」，拖著家中的「犁阿喀」，也就是用人力拉的兩輪搬運車，去到喝酒的地方，把阿爸給護送回來。

當時，家裡的經濟、金錢通通要交給阿公來管理，媽媽爲了爭取經濟的獨立，很早就要求阿公分家。此外，媽媽還跟著其他水泥工到不同的地方去做小工，努力賺取費用，因爲她知道她有三個小孩要晟養。

「你們要好好讀冊！」爸爸、媽媽不識字，書也讀得不多，所以常常告誡我們要好好把握可以念書的時間，才不會像他們只能以苦勞維生，在物質條件有限的農家生活中，我們對養分的汲取、學習的渴望、賺錢的熱愛、人生的體驗，比任何人都要來得強烈。

我告訴自己一定要出人頭地，讓爸爸、媽媽受到地方上的敬重，也希望靠我的力量改善生活。

牛頭班長的完美主義

高山嚮導說：「當地挑夫搬運物資到山上，一個五十公斤左右的成人，要背負九十五公斤重的物資，平均都是體重的兩倍。」

我們這群登山客只背負三、五公斤的物品，就難把自己一步一步往上推。

「擁有水牛精神的我，怎麼可能這樣脆弱！」我堅定告訴自己要邁開步伐。

在鄉下當選班長是權威的象徵，國中階段，我就當了兩年班長，書包裡隨時攜帶板

子，如果有同學太吵或是違反規定，我就開始執行懲罰工作，她們就得乖乖伸出手掌心。

媽媽曾對我說：「國中那陣，你在班上管教人，連隔壁伯母都知道你很兇！」當時我沒有這種感覺，現在回頭看看自己，講求紀律的性格讓我有些時候顯出嚴厲的一面。

國三分別參加了高中、五專和高職聯考，三項考試成績都表現不錯。

但我一心想要減輕爸媽的負擔，知道五專有工讀制，可以半工半讀，因此把目標鎖定在五專，第一志願是王永慶先生創辦的——明志工專（現已改制爲明志科技大學），放棄高中聯考填上的第二志願——中壢高中。

五專放榜後，分數達到明新工專（現已改制爲明新科技大學），想要的科系填不上，填得上的科系，我不想要。那一年八月，我下定決心跟爸媽說：「我要上台北補習！」

從此踏出故鄉，來去台北打拼，接受外界試煉的機會。

當初心中總有一個想法：「我是優秀的，只有我來選學校，怎麼會由學校來選我？而且還不是我要的！」多年之後，朋友問我：「你上得了高中，爲什麼還要辛苦選擇重考？」

我想是一個不服輸的念頭：「我要自己選擇學校！」就像登頂目標確定，要求自己在訓練過程堅定意志，咬牙前進，耐過蛻變的陣痛期，才能成功晉身卓越。

海K國四班，再造榮譽的自己

「你若確定了，就去做！」爸媽沒有反對意見，只給我無條件的鼓勵。

我明白自己的人生自己負責，沒有誰可以代替你決定。我選擇離鄉背井，獨自背起行囊，展開為期一年的國四班生涯。

踏入都市環境對我這個鄉下孩子的心理，帶來莫大的衝擊。台北火車站人潮洶湧，我站在街口被來來往往的人群碰撞推擠，沒有一句對不起，每個犀利眼神就能輕意洞穿我的來歷，現實的競爭世界，一旦腳步沒踏穩，彷彿就會被洪流給沖走。

剛上台北一星期，人生地不熟，暫時寄宿堂姐家，堂姐他們沒日沒夜的加班工作，讓我看見早期台北人緊湊生活的光景。

到吉林路找好補習班後，大約有二十個人同時住進附設的宿舍，會到國四班繼續奮鬥的人，大概都想進心中的第一志願，爲自己的未來創造更多機會。

這段期間，我們接受最嚴厲的時間管理，除了睡覺可以閉眼睛，大部分睜開眼睛不外乎在趕課、讀書、做考題交互輪替中度過。每回考得不好的時候，還要接受無情棍棒的海K懲罰。

前半年我幾乎是「棒上常客」，硬生生的棍棒朝掌心落下，曾幾何時從「我管人」變成「人管我」，皮肉之痛時時提醒我當初北上的決定：「我既然來到國四班磨練，就該拋下過去的榮譽，藉此機會沉澱，再造另一個榮譽的自己！」

慢慢成績開始有了起色，名次也往前拉升，宿舍裡面也認識了幾位好朋友，大家年齡相近、心聲相同，每日吃喝啦撒睡在一起，情同兄弟，所以把握機會就會互相勉勵。他們有遠從高雄來的，也有嘉義、台中來的，我心底暗自滴咕：「他們都住得比我還遠耶！」原來我不是離家最遠的一個，心中才稍感安慰。

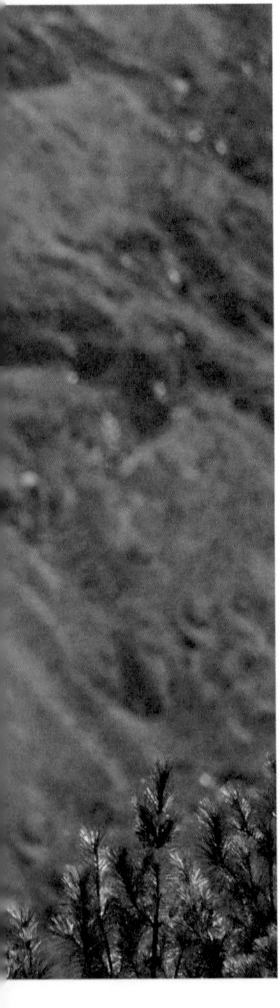

上場作戰的日子終於到來，成績出爐，一年的努力總算沒有白費，我也如願進入明志工專機械科，選到自己喜歡的學校跟科系。

爲了攀上高峰，必須先在低谷模擬戰鬥位置，從中蓄積實力。

「我知道我可以！」不服輸的念頭，讓我再次贏得勝利。

笨鳥學飛

「快看！國旗飄揚在喜馬拉雅山！」一路打先鋒的國旗姊姊在鏡頭前揮舞著。路過的華僑見到國旗竟然出現在這種地方，內心都激動不已，紛紛搶著合影留念。

第一次到學校報到，我跟著爸爸在偌大的校園裡走來走去，雖然連方向都搞不太清楚，但心中滿是興奮，對我和爸爸而言，那是一種成功的喜悅。

國四班期間，我是自願禁錮在鳥籠裡面的笨鳥，這個鳥籠沒有對外窗，還蓋上一層黑布，見不著光，每天埋頭只做一件事：讀書、讀書、再讀書。

直到進入明志工專開始學校生活，不只鳥籠打開，那一層布也跟著掀開，我的視野變得開闊明朗，碰到各形各色的同學，還有很多不同廠區的打工機會，以前所害怕

的寒暑假，現在變成賺錢的好時機，還可以到處旅遊，增長見聞。

學校是男校，清一色都是男生，最有趣的是洗澡跟早期軍營一樣，是開放式的大澡堂，初次洗澡時難免扭扭捏捏，好幾位內褲不敢脫，穿著褲子洗澡；也有人脫了之後，互相比較，把洗澡當遊戲或作戰增添一番樂趣，於是大家在坦誠相見中漸漸建立情誼。

六個人同住一間寢室，從完全不相識到能夠互相體貼、包容，學業與課業上互相扶助。這些同窗舊識，到現在還有將近十幾位保持密切聯繫，如今回想起來，那些求學往事，眞是多采多姿。

學校強調運動強身、學習強國，在嚴謹的課程安排下，大家被操得蠻累的，我卻甘之如飴，因爲跟過往農家生活相較之下，這並不算什麼，而且中間有很多意想不到的課程，不斷地充實我的技能、衝擊我的腦袋。

第一學期的課程才進行到一半，就提供實習機會，我選擇最遠的高雄，接下來將有三個月的時間待在那裡，理論與實際雙軌進行，一邊學習、一邊玩樂，還能認識更多的朋友；當時台塑工廠國內外接單不斷，我幾乎跟著每天加班到晚上九點，從此我的生活開始變得忙碌、充實又有趣。

只要找到每個階段隱含的幸福，心中就會感到快樂。

火車向南，朝陽升起

趕搭夜車南下的時候並沒有位置，我們就坐在火車尾段車廂的門邊，地上鋪著各己的行李，一路浩浩蕩蕩往南出發。

快到楠梓火車站的時候，一道曙光從車窗射進來，半屏山在我眼前拉開，心情猶如外面的晨曦，明亮又興奮；才五點多，遠處已有許多攤販趕工準備的身影，讓我瞭解到有這麼多努力追求生活的人，在各個角落形成美麗的風景。

跟同伴一起到了高雄仁武，我頭一次看到如此大型的機械，有二十米的龍門刨床、十五米的環式刨床、二十米的銑床等，所有大型化工廠必須使用的加工器械，裡面一應俱全。

站到機器前面，我才發覺人是如此的渺小，原來我們所使用的一些物資，都是經過這麼多環環相扣的努力，才能把產品呈現眼前，供人們使用。

因爲擔任實習工讀生，白日師傅操作器械的時候，我們在一旁觀摩，等到師傅下班之後，我們就得花上一兩個鐘頭進行整理工作；所以我們最常做的就是器械的清潔與維護，我記得二十米的龍門刨床，一天下來收集的鐵屑可以堆成好幾座小山。

每天大約工作三到四小時，薪資卻以十二個鐘點計算，令我的口袋變得比較充實開始可以存點錢。

下班之後，大家就有機會到工廠外面，買一杯犒賞自己的飲品，當時僅僅用塑膠袋包裝的紅茶，插上一根吸管，卻有著全天下最美味的口感，那份甘甜滋味永遠留在我的心頭。

爲期三個月工讀生活，學校和工廠分別舉辦了澄清湖的越野賽跑，提醒我們不可因學習或工作荒廢體能，讓我一路養成持續運動的習慣，對於往後攀越巔峰奠定良好的基礎。

結束工讀，我們乘坐最便宜的夜車趕回台北，末班車晚上十一點半出發，抵達台北已經是凌晨五點多，北部的朝陽升起灑在我的臉上，就像去時車上感受到的悸動；此後一次次不同地點的實習經驗，就算徹夜通車、翻山越嶺也難不倒我，面對未知的前路更加篤定。

每次工讀結束要寫心得報告，再交給學長批閱，形成台塑企業當中的輔導文化，學長學弟間的關係，也變得相當親密，彼此回饋分享的當下，凝聚出認同感和向心力。

田徑隊隊長的心理戰

「呼—呼—呼—」破碎急促的呼氣，腦中陷入一片空白，不一會胃部翻騰，一個身影朝向山壁走去，開始止不住的嘔吐……

我看到山友發生這種情形，可能是昨日的高度適應未完成，併發高山症的關係，趕緊扶他到旁邊休息。

升上三年級，我參加了田徑隊，大概是因爲自小從事農忙，體格上顯得有些壯碩，被老師選入標槍隊，主攻田賽，更代表學校去參加大專盃運動會、台塑運動會。

身爲一名運動員，最希望的無不是參與萬人的運動賽事，走在運動場上，耳邊不斷傳來觀衆歡呼聲，氣勢如虹，信心因而被鼓舞、被放大，急速上升的腎上腺素彷彿要隨時要爆發，迫不急待地想要完成每項競賽項目。

後來一次常規訓練，老師突然宣布由我擔任田徑隊隊長，剎那間，責任落在身上，我勇敢接下這份重擔，也開始私下進行一連串加強訓練。

以往我的強項著重在田賽，而非競賽，重點項目如鉛球、鐵餅、標槍，可以處理得不錯，可是對於跑步，頂多維持一定水準，無法超越隊上各類障礙跑步項目的代表。

如果自己能力不夠強悍，怎麼有資格擔任全隊的管理者？

我除了利用課餘時間加以改善，爲了彌補自身不足，多次在晚上九點、十點，還在田徑場精練跑步能力。因爲學校位於山坡上，斜坡是最能淬鍊體能的最佳場所，它除了講求速度，也要求力量，一次訓練跑個二十趟，大概有七、八十米的上坡路段。

某一天夜裡正常練習，跑到第十六趟的時候，突然感到身體不適，倒在斜路旁狂吐不止，劇烈嘔吐是身體做出的反抗動作，似乎在告訴我不能再跑下去了？

「爲什麼我會吐得這麼厲害，難道我病了嗎？先前訓練不都好好的嗎？」一連串質疑聲音在我心裡響起。

後來請教老師，老師說明在身體及心理狀態尚未展開或熱身不足，不要硬將它「矜」到極端程度，因爲到達那樣的狀態，身體會告訴你：「你這個笨蛋！你怎麼把我操成這樣子？我只好用訊號告訴你，太超過了。」而且若是繼續下去，可能導致身體發炎，嚴重影響後續體能發展與競賽。

這次的經驗，完全是一場自設的心理戰，就像父親教我的「認份不認命」，在每個身份或職位發揮到最佳狀態，就是最佳管理。我過於急迫想要證明自己，忽略了體能的累積也需要時間，而非一蹴可幾，就如攻頂也非一口氣、一舉腳就可以到達。

藉此我更加瞭解暖身與心理狀態的重要，任何訓練無法速成，必須循序漸進，躁急不得，過度反而造成難以彌補的傷害。

後來爬山過程，我叮囑隊友一定要做好高度適應，也在攀登世界第一高峰時，先歷經台灣各山嶽的試煉，熟悉高度與氣候，實際體驗各種突發狀況。

二一風險，瞌睡王急起直追

登山沿途，遇到前方有駝物的動物要下山，要靠左邊還是靠右邊讓行？

答案是靠山的那一側。

為什麼？因為萬一被動物推擠，可以就著山壁維持自己的安全狀態，如果剛好湊巧站在不對的一側，被牠碰了一下，可能就直往山崖底下掉下去了。

有時候，你特別在意某一件事情，相對地就會忽略了某一些事情。

自從擔任田徑隊隊長以後，我花了很多時間在練習，體能過度消耗的結果，使得上課經常爲班上瞌睡王，往往忽略了許多課程進度。

我的天啊！第一學期結束，我幾乎快被「二一」（學校一種退學制度，分爲一學期或兩學期總學分未達修業課程的一半，就是該學期或學年修的總學分，被當掉超過二分之一，將被勒令退學）。

心中馬上閃過一個念頭，如果下學期再二一，我就完蛋了。

這件事對我而言，簡直晴天霹靂，因為明志是我夢想中的學校，我曾花了這麼多時間才進到這裡來，如果連續下去，我是要被退學的！

「自認優秀的我，怎麼能夠被二一呢？」我對自己信心喊話。

我開始透過自我時間管理，調整體能訓練與課業學分的比重，終於在四年級下學期結束之際，我的成績獲得大幅度的進步，完全沒有一科被當，心中的大石才稍稍落下，鬆了一口氣。

二一之間，一方危險，一方安全。

只要選對位置，就不會被前方迎擊的怪物擠落懸崖！

我對自己說：「我可以的，只要我調整方向，持續用心，沒有跨不過的關口，現在這麼危急艱困的時局，我都能試圖扭轉，未來還有什麼難的呢？」

正面能量充滿我的身體，不是我無視困難，而是我願意接受挑戰。

「同學，田徑隊正在招生，有沒有興趣參加？」

「這禮拜在校園有體育徵才活動，現場還有園遊會，要不要來看看！」

升上四年級，我也成了輔導學長，幫學弟妹辦了幾次迎新活動，進而有機會認識我現在的太太。

她是我的初戀情人，也是我唯一的女朋友，也許有人會說我怎麼這麼專情，除了個性使然，其實一切是無心插柳柳成蔭，緣份到了，誰也擋不住。

當時心中的想法是：「我一個庄腳囝仔，其貌不揚，怎麼有機會認識女朋友呢？」直到現在，我還會問我老婆：「妳為什麼會喜歡我？當初又為什麼會嫁給我？」她每次都是笑笑地看著我，沒有回答我。

我只能說何其有幸，除了能夠在明志工專找到個人目標，還在學生生涯中，覓得終身伴侶，現在回想起來，滿滿都是幸福。

升上五年級，就是最資深的學長，人人見到「學長學長」的叫，在學校走路彷彿有風。因為即將畢業，所以做任何事情好像都不受拘束；不過我卻發現許多同學早已設定未來方向，開始爲自己鋪路，而我只知道就讀明志是我的志願，畢業以後，接下來呢？

因爲見識不廣，比較不懂得生涯規劃，心中一直感到自身能力的缺乏，可是看到這麼多同學積極地展開方向，促使我不斷地學習、精進，朝向頂尖目標邁進。

畢業後，不管是職場或重回學校，我開始投入更多專業課程的學習；直至目前，CEO 專業課程已經持續了八、九年，每一次的課堂，都能帶給我無限啓發，那些難以想像的觀點，提供我許多未來趨勢的關鍵訊息，告訴我如何依據訊息做出不同的整理跟判斷，也因而不斷提升我的決策品質。

畢業生裡沒有我？

終於到了畢業時刻，又是另外一段人生衝擊，因爲四年級經歷二一危機，我的學分無法補足，還有三個學分必須延長半年在校學習。

照理說該畢業的時刻無法畢業，我常開玩笑跟其他人說：「我是最認眞的，因爲我多讀半年」。

可是在那個當下，不能讓父母親眼見證我站在畢業生行列之中，一直是我心中最大的遺憾。

畢業典禮之際，爸媽特地盛裝北上參加，想要共享這份榮耀，實際到會場發現，我並沒有在畢業生的行列之中，而是在場合之外的體育館看台上。

爸媽在我身旁，看著畢業生台上台下跑，而我不在其中，心中百感交集，原本的笑臉瞬間化爲烏有，更顯露出幾分失落。

「爸爸、媽媽不識字，花了這麼多心血跟金錢在我身上，而我竟然沒有辦法讓他們參與這個榮耀時刻！」直到現在，我仍會爲自己的疏忽自責不已；對於這段經歷，一直銘記在心，更提醒我不可再犯同樣的錯誤，惹父母傷心。

我希望這個遺憾能夠幫助我做更多的事情，因此我不斷地證明自己，想要彌補這一塊缺憾。

「Yes, I can do. Yes, I am good.」我要讓爸媽爲我感到驕傲。

延畢的那半年，一個禮拜可能只有兩三個鐘頭要去上課，其他時間就到外面工讀、賺錢，我不在意機械廠會讓身體黑漆漆的，化身「黑手」從事機械沖床的製造，包括鍛造、鑄造，以及許多機械加工程序，也在當下過程中，體驗到機械加工的辛苦。

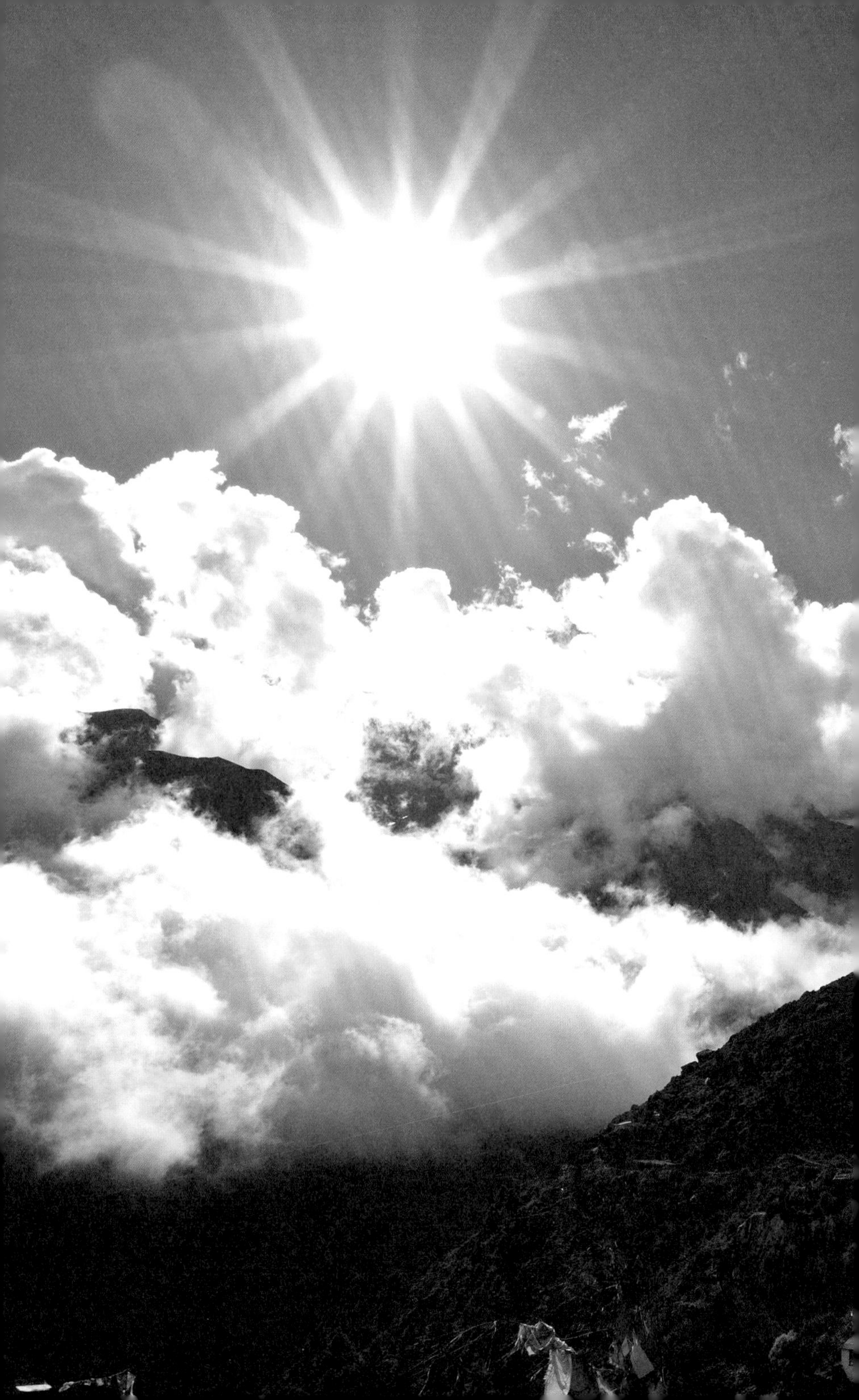

讓我欣慰的是我充分應用了那段時間，除了工讀之外，更去補習兩個月的英文，因爲我心中很清楚，想要與國際接軌，英文少不了，唯有透過口語不斷地實際演練，才有辦法與外國人進行對話。

那兩個月的投入，讓我打下一點點英文基礎，在日後的工作上發揮了極大的作用。任何事情，不怕萬一，只怕沒有未雨綢繆的用心！

大專兵出巡

「阿欣要去做兵囉！大家緊來送行！」

兩旁樂隊奏下去，我像個軍人抬頭挺胸、背著彩帶，感覺自己像個大人物一般，受到眾人的熱烈歡迎。

我是家中唯一的「大專生」，這份榮耀感，讓我回鄉都還會穿著學校制服，或是大專生的卡其色外套，彰顯我是就讀明志工專。

日復一日過著讀書、打工的生活，突然接到成功嶺的兵單消息。

大專兵在地方上是大事，當時要上成功嶺，要背著彩帶到中壢火車站接受樂隊的相送，昂首闊步地走著，踏上火車，接受大家的目送，轟轟烈烈地像要爲國作戰一般。

我在高雄仁武當兵，連上只有我和另一名大專兵。

不同生活背景的人集結在一起，讓我看到一個微型社會的縮影，因爲自己在體能上表現比一般兵還優異，使得長官和同袍對於印象中的大專兵有所改觀，也因此，連長對我另眼相待。

一段時間之後，被調爲連上行政，專門處理文書事務。

大專兵跟一般兵的軍中待遇有著極大差異，有的是先入爲主的觀念使然，更多是靠自己爭取，想要受到重視，最重要的還是自己有沒有實力。

退伍之後，我開始投遞履歷，第一份應徵職缺是長榮航空的機械維修工作。面試時，由於經驗不多，加上需要英文應試，我緊張到手心冒汗。

雖然第一試順利過關，卻在複試刷了下來，不全然因爲語言關係，而是對於更精深的專業知識一知半解，也因爲如此，更清楚自身缺乏哪些條件，需要補足哪些能力。

我沒來得及沮喪，接著找第二份工作，一個專做醫療器材的外商公司，終於如願獲得主管青睞，正式投入洗腎機的維修工作。

這樣的工作領域，改變了我對於世界的觀感，打開了我對世界的渴望。

從洗腎病人身上，我看到人生諸多的無奈，當病人被宣布腎功能失常之後，終其一生擺脫不了洗腎命運。那時候台灣的洗腎存活率不高，而且治療費用昂貴，當時月平均收入才一萬五，一次洗腎就要價台幣八千元，相當於半個月的薪資。

我耳聞很多人因為洗腎的關係，必須變賣家產、田產，到最後沒有辦法支付開銷，只好放棄醫療，等待死亡。

這種生命的衝擊，讓我體會到健康的重要，我從病人身上學習到尊重身體，留意病痛；一想到明志工專「強調運動強身、學習強國」的教育精神，創辦人這份先見之明，不免令我感佩。

忙碌的空中飛人

因為經常維修機器的緣故，所以熟知醫院專用走道，可以避開人潮，直接前往維修所在地。記得有一晚，預備進行例行性保養維修，通道入口的電梯門打開，一具用白布包裹的冰冷大體，由殯葬人員及護理人員推送出來，這一幕震動著我：「又有一個人從這個世界離開了！」

從事維修工作，爲生命奮鬥者提供一點助力，刹那間我感到這份工作的神聖性，因此絲毫沒有害怕，繼續往加護病房走去。

服務了三、四年，公司想引進一部最新型的 Gambro 洗腎機，需要有人了解機器性能，在努力爭取之下，我便被派往瑞典總公司進行受訓。

一九九〇年代，出國簡直是天大的事情！出發前，親友團特地席開兩桌爲我送行。飛機從台灣出發，飛泰國轉機前往荷蘭，再由荷蘭轉機到達瑞典小機場，搭接駁車子抵達目的地——Gambro 總公司。

這趟學習旅程讓我既緊張又興奮，開拓了我對未知世界的想像。記得出國之前，爲了怕在轉機過程有所閃失，所以勤練英文，也爲了因應突發狀況，把所需的英文句子一背再背。

轉機時看見各色人種，大家手邊忙碌的事情雖不盡相同，但目的卻是一樣的，都想搭上正確的班機，此刻的我竟也身在其中，成爲一名忙碌的空中飛人。

不管是荷蘭史基浦機場的 747 巨無霸，還是瑞典十二人座的小飛機，每一樣都是人生的首次嘗試。我的好奇心提升了學習力，我的學習力令我朝向目標不斷前進。

到了陌生環境，我很害怕沒有人看見我，淹沒在金髮碧眼的外國人中；因此我更加積極努力展現自己，逢人必問，完全管不了發音標不標準。

該你上場的時刻，就不要害羞，在舞台中央，做些什麼總比什麼都不做好！

機場通關的時候，沒有人對旅客進行檢查，只有一條狗對我聞一聞，短短五分鐘，我已經通過瑞典的關口。

我不免在想：「爲什麼他們可以這麼迅速呢？」國內關口、泰國關口都沒法這麼快速？這裡只用一條狗就放我過關，事後才知道那是緝毒犬，訓練有素的狗警察能夠嗅聞是否夾帶違禁品。

洋食、咖啡與茶歇

瑞典洽公之旅，每日的飲食都令我感到興奮，主食大都是馬鈴薯，搭配一杯香醇咖啡、各式乳酪，以及各種不同料理方式的培根，開啓了我享受國外美食的歷程。

喝咖啡對我而言，是一個奢侈的享受，瑞典總部的教育訓練中心旁邊，就有一台龐然大物，那是一台設計精密的咖啡機，整個面板都是按鈕，可選擇不同咖啡豆、奶量、糖，以及水的份量，確認之後，就會聽到咖啡製作的聲音，只要三分鐘濃醇美味的咖啡就在杯子呈現。

我一直期盼未來能夠擁有這樣一台咖啡機，「為什麼台灣不能有這樣的機器呢？」我暗自思考著。

瑞典人有自己的「茶歇」（coffee break），屬於上班族的休息時間，藉由一杯咖啡與甜點提升工作的效能，這是當時國內還沒有興起的觀念，歐洲人卻比我們早一步進行，反觀台灣在近十年來咖啡勢力的大幅崛起，連鎖咖啡與輕食下午茶館林立，主打上班族群，這是誰都料想不到的事情。

那杯咖啡的氣味，如今回想起來，嘴角還泛起微微的甜味，讓我的瑞典教育訓練，除了有專業的學習，更有對咖啡領域、工作方向、人生體悟，造成了非常大的正面影響。

受訓過程，我直接使用英文與當地人進行溝通，除了勤寫筆記，還額外錄音，另外找時間反覆聆聽、修正，還大膽做許多提問，直到完全瞭解。

公司老闆曾對我說：「你的心在哪裡，寶藏就在哪裡。」正如我一直堅信：「用心去做，就能成功。」

放假時，我就在瑞典市區到處逛，有了許多驚喜的新發現。這裡的二聯式公車，大概是我們的兩倍長，上面備有電線，當它靠近車站停下來，令我驚訝的是下客的門竟然能夠往下降，降到適合上下車的高度，等乘客完成上下車之後，再次升高恢復成正常行駛的狀態。

一個進步的國度，讓我省思自身的現狀，除了硬體設備，還有生活方式，都讓我明白看見何謂卓越。

專程停靠的站口

為了更加深入瑞典庶民生活，自己嘗試購買車票乘坐火車，火車之旅更是讓我印象深刻：搭火車不用剪票口，只有自動販賣機販賣車票，也沒有剪票員，完全讓旅客自動自發，誠然是場人性的試驗。

正當以為順利搭上火車，往目的地前進的時候，一名剪票員前來查票，大家紛紛拿出自己的票卡，我發覺我的票卡顏色和別人不同，當這位剪票員來到我面前，我問

他：「爲什麼我的票跟其他人不一樣？」

剪票員笑笑地說：「江先生，這列火車要往北，你購買的車票跟列車要前往的方向，剛好相反！」

「這該怎麼辦呢？」剪票員看見我的焦慮，進一步詢問情況後，隨後打電話給列車長，大約談了兩分鐘，剪票員回過頭來跟我說明：「江先生，跟您報告，待會我們在下一個停靠站暫時停車，請您記得要下車，然後再過十分鐘，有一列對向列車，您必須搭上該輛火車，坐到終點就是您的目的地。」

這位剪票員又特別提醒：「跟您報告，我們這列火車平常不能停靠這一站，今天因爲您的特殊狀況，才在這一站停靠，所以待會停站，請您要儘速移動。」

他的話語明確堅定，又帶有一份溫暖，「爲我而停」的舉動，至今令我難以忘懷，更對我日後的服務工作產生影響。

從人的思考角度出發，事情就會變得親和容易許多，「以人爲本」的思考本質，成了我時刻秉持的重要觀念。

異地水土的反思

受訓完畢後，我自己多停留兩天，在荷蘭進行旅遊訪查，發現當地人文風景到處都是河流，荷蘭又叫「低地之國」，因爲地勢關係，必須把水流做一個適當的疏導跟區隔，才能使荷蘭人民安居樂業，與土地共同成長，也因此荷蘭的水利工程、國土規劃做得非常完善。

想一想荷蘭的面積、人口，都跟台灣相似，爲什麼荷蘭能夠具備國際競爭力，而我們相對就比較弱呢？令我陷入省思。

回國後，在工作領域中不斷地學習成長，後續更到德國、瑞典等數個國家接受不同的在職訓練，我也取得洗腎技術士的執照。

工作了近十年，因爲公司內部結構、人事組織發生狀況，使我陷入瓶頸，在理念不合的情況下，我選擇離開這樣的環境，遂開啓了我創業的契機。

後續我選擇參加「未來領袖學院」課程，這樣的課程讓我接觸更高遠的視野，除了專業能力，各領域人才多元角度的看法跟方向，同樣激勵著我。當時的學員包括民進黨前立委林濁水、前警政署長莊亨岱、現任行政院政務委員薛琦等產官學藝術領域的人才，間接讓我做足了創業的準備。

從醫療到傢俱

因緣際會之下，一次與鄭偉修學長聊到創業的概念，我輾轉進入歐德——台灣系統傢俱業的龍頭。

歐德帶給我完全不同的人生面向，因爲過去從事的是醫療器具維修工作，轉換成室內家居設計服務，看起來像是完全不同的領域。經過深入發想，其實兩種工作的服務對象都是人，只要秉持「從人思考」的本質，用心服務，就沒有困難的地方。

讓我更覺欣慰的是，我轉到室內傢俱服務業，竟然有很多以前醫療界以及其他領域的朋友，都成爲我的客戶，因爲好口碑效應，連帶幫我介紹客戶，讓我在轉換職場、轉變領域的過程中，可以順利接軌。

過往家庭、學校、工讀、出差、創業等經歷，因爲時時用心，才能在日後通通化爲美麗的風景。

來到歐德服務已有十五年的光景，憑藉熱情與努力一步步踏向人生頂峰，我常常聽到陳董事長講的這句話：「用心最美麗」，正印證了庄腳囝仔腳踏實地的精神。

一個挑夫不慎打滑掉到河裡，三個行囊就這樣順著河流，流到山下去了。三個行囊代表三個人的裝備，目前才到巴定，已經有四個人的裝備未就定位，而且有三位是完全遺失！

高山嚮導曾告訴我：「只要能吃、能睡、能開玩笑、能看風景，就不會有高山症的問題！」

然而現在這個情況，是否還可以若無其事地大笑呢？

有人說登山很簡單，就是用雙腳一步一步地往上走，只要持續跟堅持下去，就會抵達目的地。

聽起來好像很簡單，一如「專家理論」，只要一件事重複做上一萬次，就是該領域的專家。

登山思維的延伸

簡單的事情時時刻刻不斷地做，當然會有成功的一天，所以有人說：「方向對了，只要持續前進，終有到達的一天。」

唯有建立起這樣一個信念，艱辛的路程才能勇往直前。

爬山過程勢必碰到許多辛苦的挑戰，有體能、物資、伙伴關係，還有許多意想不到的問題，都是在實際上路之後，才會慢慢顯現出來。

有些問題令人感到疲累，每每幾乎就要覺得自己無法跨越，下一刻竟然跨越了，進而產生更強大的信念。

「我做到了！」爬上高峰，呼吸稀薄乾淨的空氣，忍不住大聲叫喊，這是一種身心舒暢、痛到快樂的感覺，非得喊叫才能傳達出來的「痛快」。

這種「痛快」情境，在很多狀況之中經常出現，攀爬人生的小山、中山、大山，依靠不斷堆疊自我的痛苦指數，想像登頂的狂喜，才能一再攻上心中更大的山頭，透過自我堅持，最後的結果往往是：「Yes, I can!」

這種證明自我的力量運用到工作之中，可以視爲思維的延伸。

有很多創業家喜歡冒險跟挑戰登山，正是登峰造極、超越極限的最佳詮釋。

人、事、時、地、物，缺一不行

挑戰卓越登頂計畫：尼泊爾聖母峰第一基地營（EBC）健行十四天
淬鍊時間：二〇一三年十月五日—二〇一三年十月十八日

在這一次登山過程之中，分了幾個面向：人、事、時、地、物，也能套用到工作範疇。

首先談到「人」，到底這樣的一個挑戰卓越登頂計畫，誰會進到這一次的登山團隊？一切是未知數，似乎只要誰願意報名，通過領隊的同意，這些人就會成為這次攻堅的隊員。

除了我自己確定參加，我也找了認識的伙伴，一位是同公司的協理，一位是對爬山充滿興趣的表哥，率先組成一個三人小團隊。

儘管其他參與者都還是未知數，卻充滿無限驚奇；這樣一個完全開放性的狀態，猶如公司賦予你一個任務，由你負責一個專案，你先找了兩三位值得信任的同伴，再加上其他隨機配給協助的同仁，在特定時間下，要共同完成特定的任務，把成果展現出來。

這一次的登山活動也是如此，大家共同目標就是要爬到——尼泊爾聖母峰第一基地營（EBC），證明足跡達到5364M，展現登頂的成績。

我個人希望能帶著公司的小布旗及T恤，張貼在沿途山屋，象徵歐德跟著我一同踏上世界高峰，同時代表我一路從農家子弟到工作，不斷淬鍊的心情寫照。

關於「事」這一塊，每個人參與活動有各自不同的目的，我們卻要在不同目的當中，要求一個共同的結果：登頂。

「有人的地方，就有爭論」，使得整件事情變得複雜。

有人喜歡攝影，想藉登山拍美景；有人藉爬山過程享受自我；有人想藉由背負的重量訓練提升搜救能力；有人要證明自己退休，還能展現不同的生活樣貌。

不同的組合、不同的目的，融合出一個與衆不同的登山經驗。

有人因爲朋友的一句話就來了，完全沒有登高山的經驗，但是他最後竟然完成了！四面八方匯聚的隊員組合，讓這次登山經驗格外精采，當然也多了許多驚險場面。

團隊必須要有「想要」攻頂的決心，當「想要」的力量凌駕「不要」的念頭，就可以創造奇蹟。

談到「時間」因素，為什麼選在這個時間共同前往？一個計畫性的登山活動，當鎖定聖母峰第一基地營（EBC），透過招募不同領域的人士共同參與，正如一個有計畫、有組織運作的團隊，如果能先訂下時程表，依序列明目標清單，就不會有大問題。時間明確，方向對了，再遠的路，只要一步一步執行就能走到。

公司策略何嘗不是如此，先有策略方針，才會有年度的規劃、執行細節，如此才有辦法透過執行細節的落實，朝著員工與公司訂定的方向前進，進而完成個人與公司的目標。

每件事情都有它完成的標的時間，有賴團隊共同的配合，在什麼時間、什麼地點完成什麼事情，再前往下一站集合。

一旦時間、地點確認，還須有萬全「物」的準備，登高山需要適當物品的輔助，其中最重要的是——鞋子。

鞋子能保全腳下踏出的每一步，帶著我們往目標前進，鞋子也是保護裝置，讓雙腳舒適、暖和，不受崎嶇山路的傷害，避免嚴峻氣候的凍瘡。

再者，很多物質與非物質的東西必須要齊備，包含專業的背包、登山經驗、突發狀況的危機處理能力，還有一些隨身保暖物品。

有些物品對於當地尼泊爾人而言，並不需要，他們只需簡單的行囊，甚至脫鞋上山，同樣可以抵達目的地，並有餘力爲登山客背負行囊。

團隊重整，邁向世界高峰

許多非預期性的狀況，逐次地浮現於登山經歷中，透過團隊間的溝通，解決當下發生的問題，當問題解決了之後，卻又產生另外一個問題，事情彷彿從來沒有我們所想像中的容易。

問題背後的眞正因素，如果沒有去思索、探究，光是解決眼前困難，成全不了大局。常常聽人說：「問對問題，事情已經解決了90%！」因爲答案已經在你的提問當中，剩下的10%要靠執行的落實，才能夠眞正解決問題。

如同公司組織，老中青不同世代，各有不同價值觀，如何讓一個異質性甚大的團隊，凝聚共識，往既定的願景前進，「溝通」成了一件最重要的事情。

工作上經常發現：新人沒經驗，但活力十足；稍有經驗的人熱情漸漸消退，衝刺不足；老手經驗充分，卻迷失方向；還有人有可能只想混吃等死過日子。

一個團隊領導者如何整合這群龐大的兵士，讓公司這部大機器，持續維持在軌道上，共同往目標前進，顯然是一個考驗。

對我而言，這是第二次前往尼泊爾聖母峰第一基地營（EBC），第一次的經歷儘管曾經令我膽顫心驚，可是這種挑戰不可能的行動，在我心中形成一股莫名的樂趣。

「為什麼有許多企業家、創業者勇於挑戰體能極限？把登山做為首選！」

當我從醫療器材體系轉進室內設計，令我體驗到不同跑道及挑戰自我的空氣，一如攀上另一座高峰，聞到更清新、凜冽的氣息，繼而激起攻堅達陣的熱情。

工作難免遇到瓶頸，運動不失爲舒壓的最好方式，也因爲運動的關係，讓自己能夠跨越障礙。當我越投入登山活動，越發覺工作與登山有太多相似之處。

任何時刻從事登山活動，雖然爬同一座山，但是每次碰到的問題可能不盡相同；從登山中超越試煉，其中包含了對個人、團隊義不容辭的責任，面對自然的危急存亡之刻，如何帶領全體安然渡過，更隱含對家庭、社會、國家責無旁貸的義務，這麼多責任義務重疊在一塊，在山勢浩大的環境裡，讓人學習謙卑感恩，更激起登山者強大的求生意志。

歷程越苦，越能顯現登頂的美好與感動。

筆記一

Robert 管理關鍵筆記

Objective

成功要件

來自正確的目標

▲當決策者面對到高風險的投資條件，唯有以合法管道取得致勝關鍵，才能夠心安理得享受勝利的果實。

▲伙伴關係，需要平日累積起來的信任，不管爲了收成的農忙，還是爲了業績的拚搏，都是團隊通力合作的成果。

▲登頂目標確定，要求自己在訓練過程堅定意志，咬牙前進，耐過蛻變的陣痛期，才能成功晉身卓越。

▲爲了攀上高峰，必須先在低谷模擬戰鬥位置，從中蓄積實力。「我知道我可以！」不服輸的念頭，讓我再次贏得勝利。

▲如果自己能力不夠強悍，怎麼有資格擔任全隊的管理者？卻也不能過於急迫想要證明自己，忽略體能需要時間的累積，無法一蹴可幾，就如攻頂也非一口氣、一舉腳就可以到達。

▲任何訓練無法速成，必須循序漸進，躁急不得，過度反而造成難以彌補的傷害。

▲該你上場的時刻，就不要害羞，在舞台中央，做些什麼總比什麼都不做好！

▲瑞典火車站「爲我而停」的舉動，令我難以忘懷，從人的思考角度出發，事情就

會變得親和容易許多，以人爲本、攻心服務的思考本質，成了時刻秉持的重要觀念。

▲團隊必須要有「想要」攻頂的決心，當「想要」的力量凌駕「不要」的念頭，就可以創造奇蹟。

▲時間明確，方向對了，再遠的路，只要一步一步執行就能走到。

▲「問對問題，事情已經解決了90%！」因爲答案已經在你的提問當中，剩下的10% 要靠執行的落實，才能夠眞正解決問題。

Chapter_02 × Project

計畫從腳上落實

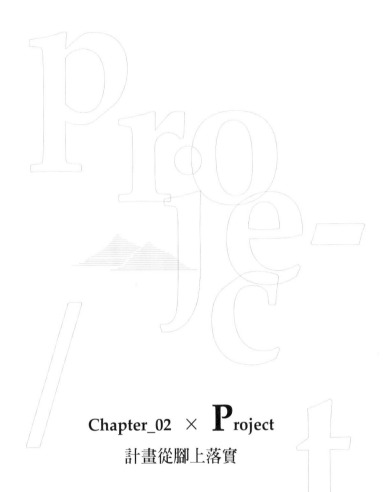

登山，一心入魂

第五級領導人兼具兩種矛盾的特質——謙沖為懷的個性和專業堅持的意志力。

——Jim Collins《從A到A+》

爬山，除了是身體的挑戰，也是心理的作戰。

二〇一三年十月五日，決定出發的那一天，我明白此趟旅程將充滿意義，除了是對自己身體、心理的總體檢，也將是驗證一路工作累積的管理心法的時候到了。

「伙伴們，你準備好了嗎？」

念力的凝聚

念頭極爲重要，「去哪裡」、「走到那裡」、「爬什麼山」、「吃什麼食物」、「做什麼工作」，一切都在念頭轉瞬之間完成與落實，工作上的創意發想，也常常在意想不到的時刻出現。

人類從出生、成長、學業、工作、愛情和家庭的歷程，往往都是爲了完成「心的一

念」，如果沒有「想」，哪來的「要」？如果沒有經過思考，如何做出適當的決斷跟行動？因此，任何事，心的準備最爲艱難，因爲它既無形又無法捉摸。

爬山更需要一股熱血衝勁，當攀登卓越的念頭迎面而來，我選擇了接受它、嘗試它、突破它、完成它、放下它；這一段段「登頂心路」使我擁有許多料想不到的收穫，正因爲我不怕艱難，勇於面對挑戰。

俗諺說：「想得到，就有機會做得到；想不到，永遠都做不到！」機會往往就在眼前，若不懂得把握，不是因爲你不想把握，而是你根本想不到。

因爲這個念頭，讓我在歐德期間，帶領我的團隊，用「念力」攻頂，從小山、中山、大山，近程、中程、遠程……，不間斷地試煉心志。

常常會有人說「物以類聚」，當你想完成一件事，全世界都會起來幫助你，很高興我擁有忠實正向的伙伴們，不管是在工作領域或攀登一座座山嶽，都能透過團隊合作共同實踐理想。

就像朗達·拜恩（Rhonda Byrne）對「秘密」的揭露，不外乎「吸引力法則」：你相信什麼，就會是什麼！

成功，完全取決於思維的方向。

決定每一個登山規劃的時刻，只要方向是正確的，我便整裝行囊，勇往直前，不讓自己有半點藉口。

雖然無法避免身體上的疲憊，但是心理的滿足卻能超越肉體所受的疼痛，往往登山回來，大家表示雙腳無力、身心俱疲，過了一個禮拜之後，談起登山過程發生的種種，又是滔滔不絕、興味盎然，盡是難以言喻的歡暢，完全忘卻肉體之苦，並開始相約起下一段登山路線。

這種關乎心理狀態與自我體能極限的挑戰，往往在不久的將來，帶領我們邁向更美好的願景。

一連串的念力凝聚，讓我眞正達臻「登山魂」的境界。

我用相同的心態面對工作的高低起伏，「打斷手骨顚倒勇」，透過許多辛苦、疲累的磨練，累積實力，心中永保一個「我可以」的念頭，令我越挫越勇，不自覺就攀上高峰。

因爲帶領團隊，與伙伴一一征服了各形各類的山勢，除了體驗到山林之美，還可以感受到身體因鍛鍊而更加堅實。

各種不同的林相、不同的自然景觀，帶給我心頭的震懾，無法用言語或文字分享，試著問問自己：

「你有多久沒有看過雲海？」

「多久沒有看過日出？」

「你有多久是兩、三點起床，爲了爬山而爬山？」

相同的，稍微轉換個方式再次問問自己：

「因爲瑣事纏身，你有多久沒有凌晨兩、三點起床，努力地完成自己設定的夢想跟目標了？」

「多久沒有感到工作所帶來的滿足感？」

「哪一次是爲了完成專案而充滿熱情的自動加班？」

那種追求跟突破的心念，會讓人充滿活力。如果你也有所感觸，聽見心的招喚，歡迎你一塊同行，成為我的伙伴。

彷彿聽見你說：「我準備好了！」

在挑戰的過程之中，總能找到無可取代的樂趣，當「心」做足準備，那股「想要」的念頭，便會如湧泉源源不絕。

要讓身心產生念頭，就從小事開始。

一件微小事情的成功，將使信念發出新芽，產生堅定的力量；微小步伐的累計，可以讓身體記住踏出每一步的喜悅，引導我們走向頂峰。

充足的身心準備，要從小地方著手，看似簡單，做起來卻要有恆心與毅力。

此外，聆聽他人經驗累積自己的實力，不失一個好方法。

詢問朋友的登山經驗，留意重點並且記錄下來。不同的人有不同的體驗，有人聚焦在攝影，捕捉畫面的驚奇；有人為了肉體考驗，增進心肺體能，找回健康人生；有人為了淬鍊心靈，因此改變做人處事的態度。不同角度的對話分享，帶來的衝擊也各有不同。

此行前往的喜瑪拉雅山是個藏傳佛教的國度，處處可見佛像的存在，雖然當地物質匱乏，心靈相對卻是富足的，置身其中的我，心靈彷佛受到洗滌，離開物質生活一段時間，卻能讓心情獲得如此大的滿足，這是我原初所沒有想到的。

登山運動一如職涯規劃，心中的答案能夠帶領你走向不同的地點，地點從來沒有所謂的好壞，唯有不斷地突破極限，迎向未知的挑戰，才能有意外的風景與收穫。

我想再回到前面的幾個問話：

「你有多久是兩、三點起床，爲了爬山而爬山？」

「多久沒有凌晨兩、三點起床，努力地完成自己設定的夢想跟目標了？」

當你明白對自己說：「我準備好了！」知道爲什麼凌晨起床，知道爲何爬山、爲何工作，才能帶領自己走向前去，引領自己邁向設定的目標。

有目標叫出航，沒目標叫迷航；有計劃叫做航海，沒計畫叫做漂流。

我們都不希望在人生的茫茫航道上迷失，所以心中的目標是什麼？計畫是什麼？問題的答案，完全取決於「心念」準備好了沒有！

你有多久沒有看過日出？有多久是兩三點起床，爲了完成自己設定的目標？

鎖定遠方山頭

把握每一份「起心動念」，有了念頭，心中便產生能量，這時更需要身體的鍛鍊，才能化爲實際的作爲。

身體若沒有經過鍛鍊，流於紙上操兵、光說不練是無用的，必須要有所行動才能將念力轉換爲動能。

《執行力》提到：「執行會是領導人最重要的工作。在執行的過程中，一切變得明確起來，你會更看清楚產業界的全貌。」

同樣地，各種形式的攀峰也需要執行力，作爲自身的領導人，若缺乏行動，只會看見腳下的石頭，忽視前方的山頭。

說得再多，不如勇敢踏出第一步，藉由一步一步的磨練，讓身體承受不同階段、不同強度的負荷，身體習慣在激烈的前進之下，還能夠快速的恢復，同時讓呼吸、心臟、肌肉在缺氧的狀態之下，依然持續運作。

好的執行力，需要好的體能作爲根柢，才能往自我設定的目標不斷邁進，因此前期的身體訓練，是基礎的奠定。

各種大小不同的登山訓練路線，一路可從石門山、合歡東峰、合歡北峰、奇萊南峰、南華山、玉山，最後才是南湖大山，針對前往 EBC 的行前鍛鍊，我建議最佳的鍛鍊場所就是南湖大山。

爲什麼特別提南湖大山？因爲它的地形、地物、長度、高度、氣候變化、氧氣濃度，以及夥伴關係的經營，都非常適合在挑戰喜瑪拉雅山之前，作爲身心的考驗。在南湖大山碰到的狀況，可能會在喜瑪拉雅山發生，甚至面臨到體能上的極限考驗。

大自然已經舖設好身體鍛鍊的歷程，端看你願不願意踏出第一步往目標移動。

同樣地，開創事業的過程，化被動爲主動的關鍵，在於「想要」與否，「要」的念頭會驅使人行動，不斷尋找商機，不斷尋求機會，不斷累積經驗，就能從大量吸收學習當中，掌握住成功的契機。

當天時、地利、人和萬事俱備的時候，就有能力舉起自己的雙手：「我可以！」

正如「天花板理論」，無形的天花板到底可不可以突破？絕對是可行的，只要能突圍心理上的障礙，跟著強化的身體就能衝破限制，不受任何隱形條件所阻擋。

心理一旦受到激發，體能就能同步被激越。

舉一個例子，百米賽跑時，剛開始選手的起跑速度尚能維持水準，隨著時間拉長就會面臨體能的極限，使速度減緩，此時若能假想終點線就在眼前，那股莫名的力量會重新把心理狀態推升至高點，連帶使身體受到鼓舞，而能不斷地向前衝刺。

這股心理、生理潛能的往前遞進，將爲登頂者帶來不同的生命光景。

南湖大山，身體的鍛鍊所

南湖大山的經歷對於征服喜瑪拉雅山，是一個非常好的前期準備，以南湖大山的路程、遠近、攀高程度、下切深度，再加上當中必須充份運用身體的各個部位，都爲「高度適應」提供了絕佳的實際演練經驗，能讓自己領略體能的極限。

高度適應，簡單的說就是使身體適應並熟悉高度的變化，進而修正速度、高度、訓練程度，藉此增加呼吸通氣量，除了能避免因血中氧氣濃度降低而引發的高山症（Altitude sickness, acute mountain sickness），每越上一級都需要重新適應和調整。

在低海拔訓練過程當中，常常會滿身大汗，流汗對登山者而言，是一個很大的體力消耗，所以必須補充水份的攝取，以及留意汗水的流失。

上切時先求穩當，再一步步往高處推進；下切的時候，同樣得穩定腳步，才不會發生摔倒、跌落山谷的危機。

嚴格講起來，我只能算名門外漢，不斷上切，雙腳腫脹疲累，令人渴望停下腳步休息；下切的時候，因不斷往前滑動，腳趾碰撞產生瘀青，腳底板只覺悶熱疼痛，害怕自己隨時倒下。中間還需要攀過四、五百米的大碎石坡，如果在支撐上面沒有做好，很有可能一個踉蹌就掉下去了。

所幸這一切都是必經過程。

一直到雙腿適應了鞋子，轉換心念開始能夠欣賞沿途的美景，我才恍然驚覺自己也走到這麼遠了！

往雪山山脈連接玉山山脈路線挺進，左邊可以看見太平洋山脈，沿途中更有許多像是天然雕塑的高山原柏，面臨各種轉折，有辛苦、有快樂，付出辛苦的代價，讓人期待接下來還會出現什麼？

抵達山屋，南湖大山的高山嚮導偷偷告訴我：「如果晚上有機會出來，帶你去看神秘的台灣水鹿。」

入夜的山脈、圈谷地形展現出美麗的面目，特別是一望無際的星空、銀河，讓人覺得一切的努力都是值得的。隔天清晨下切到另外一端看雲海，可以遠眺整個太平洋、

蘭陽平原，吸引往來南湖大山的登山客。

你突然明白，唯有勇敢走進山嶽，才有機會撿到它轉角處遺落的珍珠。

南湖大山等同於大自然的實驗場，而喜瑪拉雅山就如同一個創業的道場。

透過實際行動，你才能知道到底這個道場能爲你帶來什麼樣的機會？也才能期待往後的路程可以看見願景。

回到產業界，如果能有這樣一個訓練場，將有助於贏回職場競爭力。

創業型的登山家，能夠帶領團隊，走向各種別人不會去、不喜歡去、不願意去的前路，正是因爲他知道轉角有珍珠在等著他。

財務——夢想的籌碼

當身心都具足了「想要登頂」的念頭，加上充足的行動力、適應力，還必須具備三項條件：財務、時間、裝備，才能確保攻頂途中萬無一失。

「錢是萬能的，沒有錢萬萬不能。」雖然是句老話，卻不失爲一句實在話。

人生八大目標：家庭、事業、財富、健康、公益、學習、公共關係、公共服務，後面無不藏著錢的影子，財務基礎對任何想要擴充未來目標的人，都深具意義。

成就事業的過程，需要「三本」——本人、本錢、本行，其中一項就是金錢，沒有錢就無法買機票，沒有機票，就沒有辦法決定何時動身。

第一桶金的重要性提醒我們，必須先具備財務實力，才能夠興之所至，隨時出發。

實踐夢想的過程，需要良好的財務規劃，這趟EBC登頂之旅花費我八萬多元，再加上裝備開銷，通常需要八到十五萬，端看怎麼準備。

若是在任何裝備都沒有的情況之下成行，大約得準備十六到二十三萬左右。

「這些錢怎麼來呢？」曾有人聽到這筆龐大開銷後問我。

以一個上班族而言，要積攢這筆錢確實是一項負擔，如果已經確定登頂計畫，可以漸進式添購裝備，包含登山專用鞋、衣服、背包，以及攀登高山所需用品、照相器材等。

這些隨身設備林林總總加起來大約要二十幾萬，根據前往計畫，最好往回推算，預先於六個月到一年的時間來逐步採購、適應、訓練。

俗話說：「人是英雄錢是膽，五毛錢逼死英雄漢。」錢和膽量似乎脫不了關係，任何活動都需要金錢的支援，完成夢想也需要充足的經濟作爲後盾，就功能性而言，財務無疑是一個必備項目。

這次登頂伙伴，其中一位是由家人贊助，這種狀況可以感受到媽媽對女兒的愛，也感受到女兒擁抱自由的快樂，除此每個人都有自己的故事，讓一趟旅程遠遠超乎金錢的價值。

人朝菁英之路邁進，再美好的計畫，也要有經濟的奧援，掌握夢想的籌碼，才能夠築夢踏實。

時間——實踐的後盾

再來談到時間，時下的上班族大都被工作綁住，往往朝九晚五，或因加班延宕更遲，這告訴我們有許多的伙伴、朋友，是用時間在換取經濟的自由，因此要能夠挪出這麼長的時間，去參與某些活動眞的是很困難的事情。

忙碌的社會當中，要做出「抽離」的動作，心中也會產生恐懼，畏懼自己抽離的這段時間，會不會影響工作？會不會影響家庭生活？回來之後會不會對工作認知「停格」？

向公司請假三天以上，必須經主管核准，超過十天以上，還要問自己有沒有罪惡感。這次登頂的伙伴們，有許多位已經退休，取得時間的自由之後，才有辦法享受這樣的活動；其他人則需要挪出假期，回到工作崗位還得補足請假的事務。

也許有人會想：「這樣的登山活動值得嗎？」

假如一開始的起心動念不夠篤定，「要」或「不要」勢必影響到夢想成行的可能。所以該如何決斷，將時間做出妥善的運用，更是一門學問。

同樣地，登山進程，時間的管理也很重要，時間表（time schedule）的規劃經過團隊伙伴同意後，通常由領隊、高山嚮導或組長做進度調控，必須要在限定的時間內達到某個定點，才能一路往目標前進。

確定出發的時間後，應該回溯到一年半之前，開始進行心理建設、裝備採買、體能訓練、財務籌備。

這好比預做年度計畫一般，唯有不斷地計畫、修正、再計畫、再修正，才能找出錯誤的癥結，然後每月、每季、每半年、每年再適度的調整，所以年度計畫執行的精神，完全發揮在這次登山的時間管理應用。

SPARK
SPARK

「此行爲什麼要安排在十月呢？」根據往例，每年大概有兩個時節適合攀登EBC（EBC，Everest Base Camp，聖母峰基地營），一是三、四月，一是十月、十一月，此時的天氣狀態是比較穩定的，碰到下雨的機率相對較小。

登山過程若是碰到下雨，會弄得全身濕透，腳底發冷到走不動，讓人無暇觀賞沿途的美景，徒增抱怨，因爲你想看的看不到、想吃的吃不到、想玩的也玩不到，這樣的旅程往往使人放棄。

然而「計畫趕不上變化，變化趕不上老闆的一句話！」這個老闆是誰？就是你自己，若是一直替自己找藉口，行動就會受限，紀律跟決心攸關自己能否作爲一名卓越的領導者，唯有「keep going」，事情才會有成。

裝備——踏雲的工具

攀登之前，可以準備一張裝備檢查表（check list），再依據這張表單進行採買。

除了事先準備之外，還要一一「用過」。

「爲什麼要事先用過呢？新的不是更好？」許多人都曾有這樣的疑問。

高山上近似極地狀態，新的物品需要經過長時間的磨合期，已經與身體產生默契的舊物品，才能發揮保護自己的效果！

何謂「舊」？就是它已經符合你身體運作的機制，貼合你的腳、符合你的身形、吻合你使用的狀態，來到險峻的高山才能行動自如、如魚得水。

從逐步地添購設備，並且確實使用設備，使它們與自身體態、狀態貼合。

譬如說鞋子最好使用超過四十個小時以上，如此磨合程度才能達到一定水準之上，完全貼合腳型。

這樣的一雙鞋子能夠幫助你，可以在上山時，舒服又暖和地一步一步推升到你要的高度，也能在下山時安全保護你的腳踝，所以鞋子幾乎等同於第二生命。

衣服最好選購兼具排水與吸濕排汗的機能，讓自己遇冷不受寒，遇熱不中傷。

其他裝備都必須一一花時間適應，從扣環、登山杖、背包、手套、雪鏡、帽子、貼身保暖衣物等，看起來都是小東西，但它卻會影響登山過程的品質。

一趟安全舒適的旅程，需要這些相對條件的配合，才能夠抵禦大自然的原始現象，包含隨之而來的溫度變化、高山症候、腸胃適應、空氣稀薄等問題。

就像你帶領一組團隊準備開發一項全新的領域或產品，上頭只給你三個月適應期，

這三個月你要做什麼？從認識新團隊各成員，將領導概念帶入組織管理，透過你和伙伴的通力執行，一一突破障礙，成功完成任務跟目標。

所以登山學也就是領導學，更可以說是管理學，從登頂過程可以看到企業組織的多重面向，也讓人瞭解到帶領一個成功團隊是多麼地不容易。

每個領導者都想要一路順利攻頂，要是中間產生了一丁點的失誤，不管是人爲或自然災害，忽視警訊，可能就此永留山上，成爲紀念，這是我們最不樂見的事情。

企業組織裡面同樣不能承受絲毫誤差，一個小數點、一些不和的觀念，就足以覆沒整個經營團隊。

財務、時間、裝備需要天時、地利、人和，成就一個事業也要天時、地利、人和。我們無法要求大自然呈現什麼面貌，除了被動地順應環境，改變策略與配備，還要主動就「人和」的部份投注心力，藉由好的管理達成團隊共識，取得贏面。在競爭的商業環境，必須隨時準備應對急遽的轉變，做出正確判讀，判讀完成，全力衝刺。

假使能以變形蟲「隨體詰詘」的模式，不斷地貼合市場變化，那麼因應競爭白熱化的嚴苛挑戰，才有可能取得主控權。

（以上裝備品因個人需求而有所不同，此爲山友自行採買清單，僅提供讀者參考。）

山友胡淑玲 EBC 裝備 check list

▲個人裝備和物品

□ 背包 (50 升) x 1、□ 背包套 x 1、□ 登山鞋 x 1
□ 運動涼鞋 x 1、□ 登山棉襪 x 4、□ 快乾毛巾 x 1
□ 睡袋 x 1、□ 頭燈 x 1、□ 備用電池 x 3
□ GORE TEX 外套 x 1、□ 羽絨外套 x 1、□ 保暖褲 x 1
□ 吸濕排汗褲 x 2、□ 吸濕排汗衣 x 3
□ 排汗保暖衣 x 1 Pile、□ 保暖外套 x 1、□ 軟殼外套 x 1
□ 吸濕排汗內衣褲 x 4、□ 雨衣褲 護膝 x 2
□ 防滑手套 x 1、□ GORE TEX 防水保暖手套 x 1
□ 保溫水瓶 x 1、□ 水瓶 x 1、□ 登山杖 x 2、□ 太陽鏡
□ 遮陽帽、□ 保暖帽、□ 頭巾 x 4

▲救急藥品

□丹木斯、□止痛藥、□腸胃藥、□止瀉劑
□面速力達母、□ OK 繃□ 3M 透氣膠帶、□百靈油

▲其他個人用品

□相機、□充電器、□手機、□垃圾袋、□洗嗽用品
□防曬乳、□曬後修復霜、□護唇膏、□乳液、□生理用品
□衛生紙、□濕紙巾、□行動糧、□咖啡包、□奶茶包
□巧克力、□軟糖、□餅乾、□口香糖、酸梅、□蔓越梅乾

整隊，各路人馬集合

「一生中非去一次喜馬拉雅山不可，沒去過無法跟你形容那種美……」

「阿欣，這次 EBC 之行，加我一咖！」同公司的協理向我預約。

他的眼神充滿期待，就知道他被我說服了。

因不同目的而結合的伙伴，造就了團隊成員的多元性，進而產生各種火花，讓登頂之旅驚喜連連。

來自四面八方的成員，組成多元的伙伴關係，要在十八天當中放下歧見，共同執行一項挑戰，第一步得先彼此瞭解，第二步建立關係，第三步互相合作，第四步完成個人夢想與團隊目標，第五步才有機會慶祝完成夢想的喜悅。

「簡單五步驟」必須在短短十八天之內完成，就管理層面而言，看似簡單，其實相當不容易。

首先和我建立起連結的，是同公司的協理黃斌甯先生，我在兩年前已經跑過一趟 EBC，一直對這樣的行程念念不忘，特別難以忘懷高山上的牛鈴聲、當地人純粹快樂的生活畫面，那種恬靜致遠的遼闊感動，彷彿時刻呼喚著我，催促著我再度造訪。

二〇一二年四月，一次會議後我向他說起這樣一個登頂行程，他聽後充滿熱忱告訴我，願意跟我走一趟奇妙的旅程，「尼泊爾聖母峰第一基地營（EBC）健行計畫」於是開始成形。

我聯繫起當初一起挑戰 EBC 基地營的高山領隊 Lulu（黃倩瑩），我是在二〇一一年認識她的，因爲這一層美妙的關係，才會促成第二次前往的機緣。

當出發時間確認在二〇一三年的十月，我也開始規劃了體能與心志的訓練，包括採買裝備補給物品，都在「time schedule」的安排之下逐步進行，一有空檔就鍛鍊體能，並督促自己實行計畫中的事項。

另外，一次喜宴場合巧遇表哥蕭火城，談話之間發現蕭大哥也有相同喜好，對運動有著莫名嚮往，我提及再度前往 EBC 探訪祕境，他聽到後心動不已，要求給他三天時間考慮，行動派的他，兩天後給了我一通電話：「Make sure, I will go with us.」成了此行的第二位伙伴。

我進而體認到一個行動派的人，需要如何約束自己，在要求時間之內做出明確決策，也因爲他的同意參與，讓我們在親緣上建立起另一層奇妙關係，深化彼此革命情誼。

三人小組大致底定，從五月到十月，我們密集做了許多聯繫，進行南湖大山的高度適應、體驗訓練，完成了行前準備。

有人說：「不期而遇是人生最大的收穫！」我十分感激能夠經由不同的因緣際會，成就一段段奇妙的伙伴關係，何況是接下來，其他完全不可知的伙伴呢？

如同工作計劃中的事情，出現了料想之外的美好回應，令人感到歡喜與珍惜。行前說明會的當天，我們才曉得這次同行伙伴總共有二十六位，這樣龐大的隊伍簡直嚇壞我們！

印象當中，一個登山隊伍至多十到十二位，超過這個數目，對一個嚮導而言，已經達到帶領團隊的極限了，何況是超出兩倍的人數。在我心中產生了一個很大的問號與驚嘆號，這樣一個團隊，嚮導該怎麼帶領它？

因爲此行登山領隊 Lulu 有相當多的 EBC 經驗，自己也曾與她同行過，所以問號跟驚嘆號也就一直擱在心頭，當下沒有提出，也因爲如此，後續許多不可預期的現象與問題，果然在接下來的旅程中一一發生了，所幸最後大家都安全歸來。

有時候在落實計畫之際，對於執行過程懷有疑慮，卻沒有提出討論、反省，往往執行之中，不可預料的事情就這麼發生了。

俗話說全心投入都不一定成功了，何況心中帶著遲疑去做事情呢？

英雄兒女齊登場：「苗栗登山協會社團」V.S.「散兵游勇」

我們一直到機場才碰到其他的伙伴，大家分別來自於各行各業的英雄兒女。二十六個人，很明顯地區分爲兩個大組別；其中一組大都具有相當經驗的「苗栗登山協會社團」，他們資歷一致、理念一致、步伐一致、體能一致、信心一致，彼此相互熟悉，沒有所謂的適應問題；另外一組我戲稱爲「散兵游勇」，這些散兵游勇是由各形各色的人員所組成，如同一個紛歧多元的小社會，除了問題多元，故事也多元，當中的內容也就相對精采。而我的三人小組當然歸屬後者。

很難硬說哪一組好與不好，就看這兩個團隊成員如何因應撞擊，如何彼此融合，創造出一篇美麗的登山詩章。

「散兵游勇」本指逃散無統屬的兵士，後來指稱不隸屬於團體，獨自行動的人，我在這裡爲了和專業的「苗栗登山協會社團」相比，因此取了這樣一個鮮明的比擬。

「散兵游勇」在一個團隊之中的存在，是相當正常的，如果整齊劃一自然被歸爲一隊，那麼我們這些散兵游勇當然也會自成一隊。

從出發這一個時間點開始，就已經決定我們接下來的命運，幾乎是分成兩隊在比較與抗衡，兩隊彼此透過不同的關係以及複雜的行動，來完成這一段奇妙的旅程。

除此之外，每個伙伴各自不同的目的，大家集聚參與這樣的登頂活動，才構成這個組合。

我此行目的希望透過管理的眼光，重新看待登山的意義；協理斌甯希望能夠挑戰自己，跟我共同走完這一趟美妙的旅程；蕭大哥則是抱持著完成人生一大美夢而來，臉上滿是興奮；擔任報社美術設計的輝哥，希望拍出會說話的照片；另外幾位如曉雯、佳琦、淑玲、勝雅巾幗不讓鬚眉，有自己的工作領域，希望藉由 EBC 的挑戰經驗，達成各自設下的目標。

從某個角度看來，都是各路慷慨就義的英雄兒女，個個比氣長。

每個人有自己的想法，這些想法要搓揉在一起，需要互相協調運作，假若我們就是一個全新的專案團隊，要在短時間之內，完成公司賦予的攻堅任務，達成目標，這樣的組合與磨合，領導者的重要性不言而喻，而這次的團隊靈魂就屬高山領隊 Lulu 小姐。

一位有經驗的前行者，帶領完全沒有經驗的伙伴完成一件事情，這個過程顯然是非常有趣的，領導者如何讓爲數衆多的伙伴能夠完成共同目的？這時需要尋求更多的幫手，找來尼泊爾當地的雪巴嚮導（Sherpa），還有沿途協助背負裝備的挑夫（porter），他們都是協助讓團隊得以往高山推進的人。

不期而遇的甜頭

除了編制內的伙伴，這趟旅程還有許許多多意想不到的伙伴。

這些伙伴除了剛剛加入的當地嚮導、挑夫，還包括路途中遇見的人事物，我稱之爲「不期而遇的甜頭」，雖然可能只有短短幾秒鐘的相遇，卻能在心頭留下深刻的溫暖與甜蜜。

像是在山屋休息時，短短相聚一個鐘頭的老闆、老闆娘；或是沿途因購買飲料、食物，與當地人物產生互動的時光。因爲有他們在山頭的中繼，成爲我再次前進的動力，或許他可能也會干擾與影響你的攻頂，也或許他只是回你一個美麗的微笑，在一個開放遼遠的世界之外，任何一個舉動都令人難忘。

沿途的風景，成爲另類的環境伙伴，一直讓你對它發出「哇」的讚嘆聲，它的存在彷彿就是一個神蹟，走在聖地之下，你會意會到連心態都變得厚道謙虛，一陣風吹過來都是感激。

「想像未來最好的方法，就是去創造它！」——彼得．杜拉克（Peter Ferdinand Drucker）

記得第一眼看見聖母峰的當下，嚮導指著遠處山與山之外的高點，伙伴們拿起相機不斷地拍攝，驚鴻一瞥已經足以燃起心中積極前行的動能，何況是接下來這麼多天裡面，「祂」幾乎天天都會出現你的眼前，心中那份嚮往而又不可及的感動，促使我們堅定腳步，繼續往前邁進。

追尋喜馬拉雅山的歷程，就像百米競賽一般，鳴槍起跑，到了二分之一，你知道你的腳仍不斷奮力往前，想要努力超越前面的競爭者，拉開後面的距離，當你看到終點線的時候，激發了腎上腺素，讓你加速前進。

當我第一眼看到聖母峰的時候，就如同已經看到終點線，期待一睹「祂」的神聖面目。看到最終結果開始慢慢展現在眼前之際，那份滿足的喜悅充盈心中，依循想像的成功，使人拉開步伐經，經由雙腳的實踐，往前邁進。

從登山看管理，領導人必須帶領員工看見企業願景，實現共同打拼的動力。

其中的企業願景以及伙伴關係的維繫，若只是單純建立在金錢之上，若金錢的誘因

消失，這個理想及伙伴關係也就此結束，化爲泡沫。

倘使這些伙伴是用極度體能和心靈的深刻歷練，花盡力量，用盡心思，朝向一件心中共同的理想的時候，這樣的伙伴關係就難以消滅，還能形成一股正向的企業文化。

點兵點將

企業即人——日本經營之神松下幸之助。

企業的成功靠團隊，而不是靠個人管理大師。——羅伯特・凱利（Robert Kelley）

一個團隊的舞台，成功的道路不會只有一個指標，登頂過程不僅需要領導者的決策，更需要團體的同心合作，缺一不可。

各種伙伴成員的加入，讓登山過程倍加愉悅，我們稱之爲登山團隊。

我隸屬於 B team「散兵游勇」團隊，成員一共有十二名。

高山領隊 Lulu（黃倩瑩），在第一次攀登 EBC 經驗之中，結下緣份，當時的團隊成員只有五位，因爲她妥善的危機處理，讓我們搭上直升機越過登山口，完成一趟漸入佳境的歡樂旅程。

她常掛在嘴邊的一句話：「EBC, that's ok!」足以代表她樂觀豁達的人格特質。

人稱「南霸天」的黃斌甯，負責歐德南區所有的調度及營運，所以在南區，可以說是「一人之下」，卻也不忘照顧公司同仁的福利。

風趣的蕭火城醫師，常常笑說：「我啊，是摸過最多乳頭的人了！」因爲已經有超過一百萬頭牛的乳房，經過他的診治，可見得他在獸醫生涯，爲台灣酪農業做了多大的貢獻。

軟體公司負責人Mac，儘管已擔任決策的重要職務，心中還有個攻上島峰（Island Peak）的大夢正在籌劃中，聽得團隊伙伴大讚：「有夢的人，果然擋都擋不住！」

輝哥（簡銘輝）擔任美術設計，許多精采畫面，透過他鏡頭下完整細膩的紀錄，讓我們可以聽照片自己說故事。

佳琦，自稱是科技公司的老前輩，所以請假可以輕易過關，她笑說：「公司若是不准假，我就把老闆 fire 掉」，這就是藝高人膽大的佳琦。

有一位美麗的小姑娘叫淑玲，她也在科技公司任職，常常兩岸三地來回跑，她有懼高症，不敢過橋，但是前往聖母峰的路途必須渡過很多橋，而且一個比一個還要險峻，她竟也安然渡過挑戰，經過這次「震撼教育」相信她以後應該不會再懼高了。

登山專家賴偉民，看到他的體格就可以知道什麼叫登山家，看到他的身形就知道什麼叫最佳運動員，除此之外還身兼團隊娛樂長，不用多說，跟著他就對了。

曉雯在此次行程之中，始終扮演一個默默觀察的角色，透過她的眼睛，彷彿可以看透很多事情，在各種突發狀況發生的當下，她讓事情的解決方法有了更多思考面向。

還有一個 A team 成員，卻意外融入我們團隊的美玉，她發現大聲唱歌讓自己運氣平順，還能順利維持步伐速度，分享給伙伴後，我和斌甯有樣學樣，臭味相投的三人成了好友，沿途都能聽見我們美妙的歌喉。

而我目前擔任歐德傢俱總經理，雖然過去曾擔任田徑隊隊長，橫渡日月潭、攀登玉山、EBC，持續累積登山資歷，很多東西尚待學習，像我們這樣一個「雜牌軍組合」，要共同執行一項「mission impossible」，這條登頂之路想必充滿挑戰性。

至於 A team 伙伴，他們是專業的登山團隊，還是台灣中區搜救總隊的成員，所以這一次 EBC 之旅，無形中成為兩隊的標竿，這種伙伴之間的正面競爭關係有助於鼓舞士氣、激勵人心。

若能迎頭趕上，搶盡鋒頭，恭喜你，該給自己熱烈的掌聲；若能跟上速度，代表實力相當，贏過自己；若還能看到他們的身影，表示速度不慢，相去不遠，不要著急；若是遠遠落後，這是意料中事，也就無需氣餒，重新調整呼吸走完全程。

「如果不能戰勝對手，就加到他們中間。」兩組團隊在程度上的落差，反而讓彼此有了學習空間，除了體力對比、能力對比，心態也在對比，任何速度競賽都將隱隱牽動對方的神經，也因此產生許多碰撞的火花。

AB兩隊一共二十六人，第一次碰面是在行前說明會，大部分的人並沒有出席，第二次全體成員相見歡，已經在機場大廳，準備出發了。

十月五日下雨的天氣，一行人集合、整隊到互相介紹，從陌生到熟悉，大家對於接下來的路程充滿信心，一路順暢地把手續辦妥之後，班機朝往尼泊爾的方向飛去。

故事就此展開。

（以上人名按姓名筆畫排列）

此行 EBC 登山團隊組織
（分 AB 兩隊，共 26 人）

▲ A team：
「苗栗登山協會社團」14 人
（另配 2 個當地嚮導）

成員：
呂炳榮、李素珍、吳震和
邱襄蓉、李聰銘、林柏村
范碧紜、陳美玉、黃克禮
湯滿郎、黃肇毓、蔡恭岳
謝仁智、羅節芳

▲ B team：
「散兵游勇」12 人
（另配 2 個當地嚮導）

成員：
江衍欣、阮佳琦、吳曉雯
李瑞欽、胡淑玲、陳勝雅
黃斌甯、楊文宏、蕭火城
賴偉民、簡銘輝
謝倩瑩（領隊 Lulu）

筆記二

Robert 管理關鍵筆記

Project
有條不紊在於
超標的計畫

▲「想得到，就有機會做得到；想不到，永遠都做不到！」機會往往就在眼前，若不懂得把握，不是因爲你不想把握，而是你根本想不到。

▲成功，完全取決於思維的方向。

▲有目標叫出航，沒目標叫迷航；有計劃叫做航海，沒計畫叫做漂流。

▲身體若沒有經過鍛鍊，流於紙上操兵、光說不練是無用的，必須要有所行動才能將念力轉換爲動能。

▲領導人若缺乏行動，只會看見腳下的石頭，忽視前方的山頭。

▲南湖大山等同於大自然的實驗場，而喜瑪拉雅山就如同一個創業的道場。唯有勇敢走進山嶽，才有機會撿到它轉角處遺落的珍珠。

▲創業型的登山家，能夠帶領團隊，走向各種別人不會去、不喜歡去、不願意去的前路，正是因爲他知道轉角有珍珠在等著他。

▲人朝菁英之路邁進，再美好的計畫，也要有經濟的奧援，掌握夢想的籌碼，才能夠築夢踏實。

▲「計畫趕不上變化，變化趕不上老闆的一句話！」這個老闆是誰？就是你自己，

「要」與「不要」左右夢想成行的可能，不要一直替自己找藉口。

◭登山學也就是領導學，更可以說是管理學，從登頂過程可以看到企業組織的多重面向，也讓人瞭解到帶領一個成功團隊是多麼地不容易。

◭企業組織裡面不能承受絲毫誤差，一個小數點、一些不和的觀念，就足以覆沒整個經營團隊。

◭學習變形蟲「隨體詰詘」的模式，不斷地貼合市場變化，才有可能在競爭白熱化的商業市場取得主控權。

◭落實計畫之際，對於執行過程懷有疑慮，卻沒有提出討論、反省，往往執行之中，不可預料的事情就這麼發生了。

◭領導人必須帶領員工看見企業願景，實現共同打拼的動力。

Chapter_03 × Do

執行力，捨我其誰

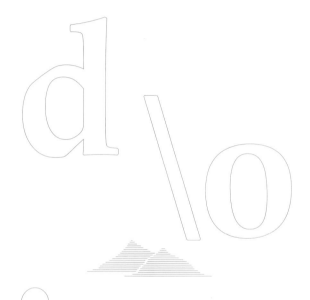

舉世聞名的派克魚舖（PIKE PLACE FISH MARKET），分享快樂工作的四大祕訣：玩樂（Play）、讓顧客不虛此行（Make their day）、專注當下（Be there）、選擇你的態度（Choose your attitude）。

他們認為「賣魚」不是魚舖的目標，而是如何達到目標的方法；EBC 不也給了我們一次淬鍊的機會，登頂不會是此行的目標，而是達到目標的嘗試。

「伙伴們，準備好了嗎？一塊出發吧！」

試煉：十四天攻頂全記錄

▲第一日：二〇一三年十月五日（星期六）台北→廣州（轉機）→加德滿都（KTM）

「好大一個陣仗，一個領隊有辦法帶這麼多人嗎？」

「心情既興奮又緊張，真的要出發了嗎？」

「哇！我的四顆相機電池竟然沒帶到！」

「完了，老闆打來抓人了！」

「好了好了，什麼都不用說，一看包包，就知道誰是隊友了！」

最後一句話彷彿是通關密語，讓大家笑成一團。

來到桃園機場的二十六名登山成員，每個人心中有著各自的猜想雜念，隨著飛機正式起飛，我們知道此行有個共同的目的地——尼泊爾聖母峰第一基地營（EBC），沒有別人，我們就是彼此最親密的伙伴了。

領隊依屬性將成員簡單劃分爲 A team 跟 B team，我暗自期待兩個團隊能擦撞出不一樣的火花，首先過境廣州機場，備齊台胞證，順利從白雲機場轉機，經過了四、五個鐘頭的飛行時間，終於抵達尼泊爾的首都——加德滿都。

聽說加德滿都的通關流程是以「牛拉車」的速度前進，果然百聞不如一見，大家排隊耐著性子等候，準備取行李的時候，發生了第一個狀況：有人的行李不見了。

行李盤上的場面一度相當混亂，當大家順利找到自己的行李後，賴桑依然看不到自己的托運物。

「怎麼還沒開始行程，就已經出師不利，搞丟行李了呢？」

「先不要慌張，這裡沒有，也許留在下個班機。」

「我們再找找，要不要打回廣州機場問問！」「對啊，怎麼沒想到。」大家你一言我一語討論著。

「剛剛在白雲機場搭乘南航班機，托運處不是用慣常電腦列印的行李掛條，而改用手寫的，可能是這樣丟失的！」一位伙伴分析著。

問了航空公司仍是無解，地勤人員你看我我看你，把問題拋回給來時的處理站，沒有辦法得到確切的回應，看樣子行李是暫時找不回來了。

行李對於登山伙伴而言，是一項極重要的保命用具，其中包含了適應過的鞋子、符合尺寸的用品、貼身衣物等，因此對於不見行李的人，心中的焦急與氣憤是可以理解的。

時間已近午夜，如何在行李未到情況之下，還能夠完成這一趟 EBC 旅程，是團隊即將面臨的第一個考驗。領隊想到了解決方法，第三天待在南集巴札（Namche Bazar），可以有再次採購裝備的機會，賴桑才稍稍放下不安的懸念，拖著疲憊的身體，前往下榻旅館休息。

在旅館大廳分配好房間後，領隊發給每人一個「遠征袋」，可將此行用得到的裝備放在裡面，其它回程物品則寄放在這裡，等我們光榮歸來。

這一夜有人因長途轉機的疲累而早早睡下，也有人想著啓程的種種而失眠。

第二日：二〇一三年十月六日（星期日）
加德滿都（KTM）→盧卡拉（Lukla）→巴定(Phakding)

▲登山起點：盧卡拉（Lukla）2840M

飛過世界屋脊

一早大家就準備好「遠征袋」，前往加德滿都的國際機場，經由國內線飛抵第一個登山起點——盧卡拉（Lukla）。

該怎麼形容這個小而忙碌的機場，沒有班機時間表，沒有預定登機時間，飛機能否起飛，完全看老天爺的臉色。一班小飛機最多可搭十來人，加上隨行裝備，爲了避免墜機事件再度發生，使得載重嚴格受限。

此次登山隊伍龐大，因此依AB組別兩班次出發。大夥在機場等啊等，整個機場擠滿了登山客，地上也堆滿了遠征袋。直到下午三點，第一批人員終於順利登機；而我們直到五點宣告停飛後，才知道天候狀況不佳，被迫滯留在加德滿都，只好等待明天的航班。兩隊無法同步抵達，是此行的第二個狀況。

眼看起飛無望，領隊朝天大聲一喝：「走吧，咱們到市中心飽餐一頓！」

團隊或是組織當中，一個正向的領導人能夠協助驅走負面情緒，讓其他人重新恢復滿沛的能量，很快地，班機延誤不再是個問題。

第三天起了個大早，B team 成員終於順利地搭乘螺旋槳式的小飛機，飛抵盧卡拉。

盧卡拉機場（Lukla Airport）是登山客進出喜馬拉雅山的門戶，建於海拔約兩千八百公尺的珠穆朗瑪峰上頭，常年有強大的風勢與濃霧籠罩，影響班機起落，被稱爲「世界屋脊上的跑道」，可說是最危險的機場第一名。

由於跑道不長，盡頭又是斷垣殘壁，爲了突破地勢限制，飛機利用斜坡完成煞車與起動：降落時往上滑行，利用上坡斜度當作阻力，起飛則用下坡作爲滑行的助力。

工作上也會遇有施展不開的時刻，若能因地制宜，就能化阻力爲助力。

在窄小的機艙裡，每個人拿起相機一路拍個不停，沿途看到喜馬拉雅山脈壯麗風景，唯有親身體驗，才明白一切都是值得的。當飛機順利降落在盧卡拉機場，心裡頭滿是悸動，因爲 EBC 行程至此眞正展開。

A team 成員熱烈歡迎我們的到來，稍作休息，準備正式走向第一個前行據點：巴定（Phakding）。

HOTEL
LA VILLA SHERPANI

▲巴定標高：2610M

世界不可承受之重

整裝完畢，一行人穿過盧卡拉最富代表的 Pasang Lhamu 白色紀念拱門，開始走向這一段旅程。第一次看到地理課本上的犛牛，第一次看到挑夫背負物資往山上出發，一切都是這麼地新鮮。

看著挑夫背著比他體重大一倍的行囊往前邁進，大家直呼不可思議，身材壯碩的伙伴也想試試著，卻連背都背不起來，看似瘦弱的挑夫竟能夠背起這樣的負擔，實在令人欽佩。

透過詢問，他們的行囊總重量大約是九十五公斤，我們光是支撐自己的身體就有些困難，更別說要加上沉重的負擔，看得有些於心不忍，他們卻總是微笑合十朝我們說一句：「Namaste!」表示虔誠的致意。

挑夫邁開他的步伐，跟我們走過同樣的路，協助將裝備送進旅途中各個山屋，提供我們必備的生活需求，一顆蛋、一罐可樂顯得更加無比珍貴。

經由這段路程，我感受到挑夫不以背負為苦，而是把玩樂藏在辛勞之中。

一名挑夫放下行囊，看他滿身大汗，我遞了一塊從台灣帶來的豆干，我請嚮導問他：「好吃嗎？」他說好吃，非常好吃，還給了我一句滿滿的祝福：「Namaste!」（印度文，有感謝、喜悅之意）

世界不可承受之重，爲了生活練就出一身好本領，竟然有人可以甘之如飴；對比城市生活的人們，一點點不順意、偶爾的塞車又算得了什麼呢？

這一日天氣晴朗，陽光和煦，沿途看見媽媽幫小女孩洗起了頭髮，呈現出舒適自在的情境，而我們這群庸庸碌碌的俗人，急著趕向目的地，到底享受到什麼呢？

這番情景似乎在提醒我們：學習背負，也要學習放下。

裝備落水，失控的脾氣

傍晚時分走到了巴定山屋，就看見挑夫們神情緊張地小聲說話，詢問之後，才知道有一個挑夫不慎掉到河裡，三個行囊裝備就這樣順著水流，流到山下去了。

頓時空間凝結，因爲目前才到巴定的階段，已經有四個人的裝備未到達，而且有三位是完全落水遺失，在凝重的氣氛之下，有伙伴稍微失控地發了一頓脾氣。

遺失前往 EBC 基地營的重要保命裝備，這是沿途第三個狀況。

當地的高山嚮導為我們做了一回圓滿的溝通，所幸明天還有機會在南集巴札做最後一次的採購，才讓遺失裝備的伙伴心情平復下來。

南集巴札等同於這趟山路的百貨公司，在那裡你所需要的所有裝備，幾乎都找得到，大伙也放下心中那塊大石頭，裝備猶可補齊，然而心情還能不能回到最初的模樣？俗話說得好：「沒有過不去的事情，只有過不去的心情。」面對危機，必須先處理心情，再來處理事情，否則事情看似處理完了，心情卻沒有回復，將嚴重影響大家的士氣與接下來的行程。

第三日：二〇一三年十月七日（星期一）

巴定 (Phakding) →南集巴札（Namche Bazar）

能吃好睡又能笑

高山症的發生沒有定數，萬一發生了，有個絕佳的方法，就是往下調降高度，降到覺得舒服的位置，高山症狀自然會消失。當然有一些預防措施，事先吞服丹木斯

（Diamox）或威而剛（Viagra），可擴充末梢血管，增加肺器供氧量。

我們往南集巴札前進，這一趟行程大概要走七個鐘頭，沿著杜可西河，肯加魯山（Kanguru）、湯瑪瀣谷山（Thameserku）等高山隨侍在側，猶如天地英雄齊聚一堂，等候我們這群不知天高地厚的傢伙。

旅程的好與壞，跟心情有絕對的關係，曾經問過嚮導，什麼樣的狀況之下，比較不容易有高山症反應？他說有三點：「第一能吃能喝；第二玩樂其中，不管是開玩笑也好、照相也罷，都要能跟周遭的人分享；第三點睡得好。」這三項條件如果俱足，高山症反應就不會降臨到身上來。

說時容易做起難，許多身強體壯的人來到山上，如同石頭硬碰硬，蠻衝硬闖反而容易流血受傷；若是繞指柔腸、以柔克剛，用流水的姿態與環境貼合，能吃好睡笑開懷，就能徜徉於自然山色，達到物我兩忘的境界。

渾身是寶的犛牛

看見犛牛隊走來，嚮導告訴我們要貼近山壁，先「禮讓」動物通過，絕對不要站在山谷側的道路上，以免被牠們龐大的身軀擠落山谷，這是聰明的自保之道。

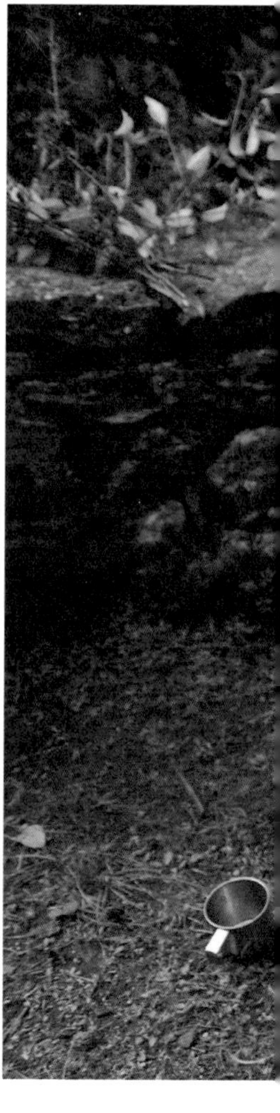

犛牛包辦了當地人的食衣住行：產奶、製肉、毛衣、絨帽、帳棚、皮革鞋，能協助農耕、駝運重物，糞便還能作爲燃料，燒飯取暖完全聞不到任何異味，可說渾身上下都是寶，隊伍後有專門撿拾糞便的隨行者，在這兒比起任何「人」都更爲値錢。

超長的睫毛下，犛牛有著柔和專注的神情，不管身上背負多少物品，總是一步一步堅定地往前方行進，任勞任怨毫無心機，是攻頂之路得以順利圓滿的大功臣。企業當中擁有犛牛性格的人，短期之間可能無法被老闆看見，但是他們卻是公司不可或缺的基石，一旦領導人具備卓越的識人眼光，基石就能成就鑽石。

嶄新的高山經濟

曾經有個故事是這麼描述的，一位富人來到鄉下漁村，他告訴漁夫：「如果你努力抓魚，可以藉由賣魚擁有財富，累積財富再進行投資，投資獲利之後，就可以自由

自在地往海邊渡假，享受釣魚樂趣。」結果漁夫微笑說：「我現在不是已經在享受這樣的生活了！」

這個故事背後有極大的反省空間：「我們渴望的夢想卻是他人最稀鬆平常不過的事！」

尼泊爾當地人把高山視爲生活的一部份，我們彷彿是入侵者，還得調節假期、花費大把金錢搭飛機來到這裡，只是爲了完成 EBC 攻頂之旅。我們所認知的極限運動，卻是他人眞實的生活樣貌。

誰是「富人」？誰又是「漁夫」，往往不是那麼絕對，在喜馬拉雅山原始山林裡，尼泊爾人擁有獨特的高山經濟，對比我們這群無法負重、氣喘吁吁的登山客，他們才是全然的富人。

企業當中也經常看得見別人獲利時的成功，卻忽略對手時時把握嚴峻條件修正經營策略，扭轉別人眼中認定的「匱乏」，開創出獨一無二、嶄新思維的藍海經濟。

隨著步伐不斷地往上攀升，終於在下午抵達南集巴札，熱鬧的市集就在不遠處，大家興奮地往預定的山屋邁進。

山寨版的複製迷思

有人說：「創新要從複製開始，如果連複製都不會，不要講求創新。」

但大規模的複製土石流，會不會淹沒了原創精神？吞噬了創作者求新求變的意念？

用餐後，大伙開始進行裝備採購，你所能想像得到的各品牌登山用品，這裡都有山寨版，而且百分之九十九都是「made in China」，可以想像大陸經濟的大舉入侵。

山寨版最大的好處，就是價格實惠，消費者市場心理傾向從眾，哪裡好就往哪兒去，但是領導者若毫無所知就一哄而上，容易陷入盲從的危機而不自知，成了羊群效應（The Effect of Sheep Flock）下的犧牲品。

那麼正版到底代表了什麼？

盜版除了與昂貴、限量、品質保證背道而馳，大量複製的背後，原創意義也連帶消失。然而盜版眞的完全沒有優點嗎？

企業若能夠創造趨勢，讓別人一窩蜂效仿跟進，不也是一種榮譽。

我們的登山過程，可說是複製前行者的路線，來締造自己獨一無二的經驗！

重新學習走路

一趟市集逛下來，經過琳瑯滿目的咖啡屋、服飾店、郵局、網路、銀行、麵包店等，吃的用的穿的可說應有盡有，四個隊友的裝備應該也買齊了。

每個人再次清點自己的裝備，裝入遠征包，突然聽到外頭有激烈的爭吵聲，我走出山屋，想要查看發生何事，原來是裝備適應問題而生了脾氣，尼泊爾高山嚮導告訴我：「Just let he be.」我回答：「I understand.」

心情需要抒發的時候，就讓他抒發吧，不要試著去堵住他，當你堵住了一個缺口，另外一個缺口有可能因此而爆發，或者鬱積更大的破壞行爲，這是我在山上學到的一門功課。

重新上路一段時間，當我們發現挑夫背負這麼重，還能夠保持順暢的步伐，此時大伙們已經雙腿痠麻，部分伙伴拖著腳步，發出抗議的摩擦聲響。

嚮導要挑夫爲我們示範：「行走時盡量用腳掌著地，而非腳尖，雙腳微開，步伐就會穩重；上坡時步伐小，配合呼吸的速度，不能發出腳步聲；下坡路段，腳跟著地，讓重心放在後腳跟，能保護膝蓋不受傷害。」

「不能發出腳步聲？」有人提出質疑。

可以呼吸、可以唱歌，就是不能讓走路的雙腿發出聲音。

爬山需要的是耐力，而非爆發力，重點在於雙腳無聲的力量。找對方法做對事，是晉升卓越領導人必備的條件。

如果開始階段就已經露出疲態，後面的行程該怎麼辦？當腳步拖行的聲音減少，就能消耗最少的能量，保留體力，領著自己輕鬆前進。

我們在喜馬拉雅山重新學習走路，才發現我連登山杖都用反了，沒想到如此簡單的常識，竟然忽略了！

藉由不斷地實際體驗，精進自己，挑夫都可以成爲學習榜樣，秉持這樣的信念，才能看見不同的人生面向。

高山牙痛要人命

在標高三千四百四十公尺的高山上，突然一名伙伴牙痛得厲害，高山上找牙醫談何容易，這是此行第四個狀況。

因爲一時處理得不夠妥當，造成那名伙伴心情極度的不適，當下已經決定隔天要聯繫直升機，直接回到加德滿都看診。

這也是第一位伙伴因爲身體狀況，沒有辦法跟大家繼續行程，心中不免產生遺憾的心情：「如果他能夠多堅持一點點，是不是能走得更高更遠，看到更多不同的風景？」

後來整個行程結束，回到加德滿都，看見那名伙伴容光煥發、喜色滿臉，不因提前下山而壞了興致，治癒折磨人的牙疼之後，選擇深度遊覽尼泊爾市井，反而因此享受到另一段不可思議的旅程。

如何當機立斷，做出對自己最好的選擇，接受每一段意外帶來的插曲，並且樂在其中，是每個人都需要具備的能力。

凡俗的慾望，使得他們充滿抵禦世界的勇氣。

我們是不是想得太多？又付出得太少？用簡單些許金錢，換得此行最舒適的行走條件，還覺得萬般辛苦。

企業界及產業人士在國家保護政策之下，無法眞正跨出舒適圈，才會在框框內飽受侷限，競爭力消失卻還志得意滿，無法看清世局變遷，成了國際談判場合上的局外人。

跨越內在吊橋

一路上吊橋經常出現，有伙伴本來即害怕動盪路線，搖搖晃晃讓心頭走得不踏實。人還沒過橋，腳底已經開始發麻，如果不小心用餘光掃到山谷下的風景，可能更加進退兩難，緊握把手，僵死在那一刻，還會傳來驚呼的長嘆：「我的媽呀！」因此再度遇到吊橋，就準備「挫咧等」。

「不要往下看，不要看，趕快走過來，沒事的！」這頭喊向落後的一方。

心理的恐懼往往比實質的危險來得聳人聽聞，企業裡也常有放話消息，如果陷入無謂的恐懼，打亂了正常的判斷與計畫，就誤入對手的陷阱。

正向面對壓力，就能安然走過內在的吊橋，不必老是上演恐怖電影肥皂劇；做好管理計畫，自己就是大編劇，逆轉勝，改寫成功的大結局。

一路續行，終於到了今晚的住宿點，類似台灣山屋大通鋪，兩人一室，儘管沒有洗手間，也沒有充電插座，得以享受休息當刻，內心感到無比滿足。

第五日：二〇一三年十月九日（星期三）
南集巴札（Namche Bazar）→天坡切（Tyangboche）

▲天坡切（Tyangboche）標高 3860M

超越玉山的每一步

一連串「之」字形上坡路，直達天坡切，海拔慢慢升高，空氣越形稀薄，心臟的負荷也漸漸升高。

預計今日要上升五百多公尺，超越台灣玉山高度的那一剎那，大家感動萬分，此後任何一步都走在台灣最高山峰之上，有一種睥睨天下的豪情，同時紓解了伙伴沿途身軀所受的勞苦，大伙開始想像自己就是聖母峰遠征隊的成員。

一路上，天空依然藍得不可思議，陽光依舊熱情不減，有陽光的照拂，也就不覺得冷了。

沿著朋奇湯加河谷一路下切，可以看見由國外資助的水力發電系統，從高處引入河水，沿著鐵管設置發電裝備，提供小地區的人民使用。

電力在此並不普及，越到高處電線無法到達，因而開發出水電、太陽能，相對也更顯珍貴。若我們想將手機充電，在南集巴札充電一次需要當地貨幣兩百五十元，在丁坡切充電一小時就要三百元，並逐次往上推。

綠能的使用相當普遍，像是聚光的水壺加熱器，一個水壺加熱器燒開一壺水需要三至四個鐘頭，一天最多能煮兩壺。

熱水在山上是稀有且救命的物資，到了最高山屋，曾買過一壺兩公升的熱水，要價台幣伍佰元，在這裡水的價值無法用金錢來衡量，更別說其他物質簡直是奢侈品，這是一向過慣優渥生活的我們所無法理解的。

可是，他們生活得甘之如飴，甚至比我們更快活。這是爲什麼？

我們所處的國度，簡單一個開關就有熱水、天黑就有燈、沒電就充電，如此理所當然；在這裡要熱水和攀高一樣難，看起來簡單的動作，踏出去的每一步，每一次呼吸、血壓與心跳，竟是如此獨特，獨特到覺得繼續活著就是一個奇蹟。

當意念僅存一個核心價值，就能強烈感受此行終極目標——淬鍊出更美好的自己。

找樂子比什麼都重要

往天坡切的路上，伙伴們開始從苦中找樂趣，後來我回想：如果沿途中少了嬉戲、鬥嘴、互相抬槓的場面，這條路想必會越走越艱辛。

伙伴之中有一個快樂的甘草人物賴桑，身兼團隊娛樂長，沿途不斷製造樂子，笑鬧中無形消解了身體的疲憊，體能好的他一下往前招呼，一下子往後探問，協助調節伙伴們的腳步，讓團隊距離不會拉得太遙遠。

企業若是長期處於緊繃的壓力，全天候開機，員工無緣享用片刻放鬆的娛樂時間，長期消耗功率，不只是體能，腦袋也會跟著報銷。

如果將兩、三人視作一個小團體，一個二十六人的團隊，至少會有五至六個小團體，這五六個小圈圈如何搭橋、如何融合，娛樂長扮演了相當重要的功能，協助拉緊團

隊的向心力；企業中的娛樂長也能發揮潤滑效果，使團隊不生分裂。

大前研一提出人生要精修「OFF 學」，ON／OFF 的切換不僅僅是上班與下班這麼壁壘分明，相反地，玩樂和成功有著密不可分的直接關係。

一路續行，阿瑪丹布朗（Ama Dablam）、湯坡切（Taboche）和洛子峰（Lhotse）就在眼前出現。洛子峰讓人想起已逝的「登山怪傑」李小石，背著國旗和馬祖勇闖世界第一高峰的台灣第一人。最後在攀登世界第四高峰洛子峰，因高山症併發腦水腫而離世，長眠此山。

視登山爲志業的李小石，留下「悲欣人生，寂滅爲樂」的遺言，從嚴苛的攻頂之路領悟出「苦即是樂」，當加諸於身體的試煉不再感到痛苦，就能不受環境影響，無處不快樂。

我們這些後繼的跟隨者，追隨著前行者的步伐，是否也能到達那樣的境界？

天色漸晚，抵達山屋休息，大家靠在椅子上，用讚嘆聲送走西沉的太陽，一杯 Lavazza 咖啡、一小塊蛋糕，就是至高無上的享受，耳邊再度傳來賴桑豪邁的笑語，心中升起一股無邊無際的快樂，這樣的「dessert」，使人對於明日充滿信心。

「登山辛苦嗎？」誰說登山辛苦！這等幸福體驗，只有登山魂才能了解。

跋山涉水的快樂與悲傷

過了一會兒，一位挑夫慌張地跑進屋裡來，因爲祖父昨晚去世，必須趕路回去，再怎麼歸心似箭，預計回到村莊也要花上兩三天時間，接替他的人選，同樣也要兩三天才到得了，這一來一往突顯出返家之旅的遙遠。

回家需要跋山涉水，我們來到尼泊爾登上 EBC 同樣跋山涉水，對於他的思親之情感同身受，一個緊緊的擁抱拜別，互道「Namaste」！

用餐前，開始進行血氧濃度、心跳測量，突然有人玩起「真心話大冒險」遊戲，問到敏感問題，連帶使受測者的血壓瞬間飆升到一百五十，嚮導還連忙出來阻止，害怕誰會昏倒，大家笑得樂不可支，沖淡了稍早的悲傷情緒。

另外值得一提的是高山辣椒，辣椒能夠使血壓加速流動，增加心跳速率，所以發生輕微頭痛，建議食用一點辣椒，刺激血液循環，達到舒緩頭痛症狀，善用當地食材不僅能解決思鄉味蕾，還能避免高山症的降臨，讓這趟登山路途走得更順暢。

入夜後，氣溫開始急速驟降，大約零下三度，城市已經離我好遠，我試著讓自己回歸原始狀態，在人人低頭的世界，此刻的我看見天空就很滿足。

高山上的衛星天線

天坡切是昆布地區的宗教中心，有間號稱尼泊爾最大的喇嘛寺，隔天一早前往參觀，入口處有塊聖跡石，相傳是佛祖留下的足印，寺內氣氛莊嚴神聖，時時傳來誦經聲，我們接受喇嘛的祈福之禮，期許接下來的旅途能夠一路平順。

「我何其幸運，能夠來到這裡，而且還是第二次造訪佛祖，眞是感恩。」

結束頂佛之行，卻在路旁看到一個現代的器具——衛星通訊無線網路基地台，訊號極佳，近身一看，中國華爲已經將觸角伸至尼泊爾高山。國際競爭態勢，使得目前世界三大通訊品牌：Samsung、中興、華爲企業，視喜馬拉雅山爲兵家必爭之地，那台灣的位置在哪裡呢？

從管理的角度，企業必須具備獨到眼光，哪怕高山遠水、窮鄉僻壤都要窮盡技術，才能開創國際競爭力。

有人說：「在此經營衛星無線網路絕對是虧錢的！」儘管建構高山設備極不容易，但他們藉此拓展版圖，證實了通訊技術、衛星網路的無遠弗屆，提升國際競爭力，相對也提高了品牌的能見度、知名度。

管理者掌理日常事務，經營者尋求未來機會，華爲願意在此佈下制高點思維，可以想見他們管理階層的決策智慧。

距離感所爲何來

聖母峰就在眼前，讓我們內心大爲震動，大家熱情期待這一段高度適應，因爲爬得越高，聖母峰的容貌就看得更加清楚。

賴桑滿身熱血，召集了輝哥、Mac，挑戰更進一級的高度適應，應該有機會走到四千五百公尺，這樣的體能令人羨慕。我則和黃董用相機記錄心得，希望把這樣的景色攝入鏡頭，成爲永久的紀念，沿途拍到許多不曾見過的高山植物，像是尼泊爾籟蕭、繡線菊等，大山大水在我的山腳，我彷彿成了巨人。

從附近山頭做高度適應歸來，迎上日落雪山，白皚皚的山頭頓時像戴上閃亮亮的皇冠一般，氣勢雄偉懾人。

體能好的美玉姐，從頭到尾背著台灣國旗，時常擔任B組的開路先鋒，這面旗幟隨著寒風吹揚，不認識的人會問：「這是什麼？」一逮到機會就大聲喊出：「這是台灣國旗。」同時推廣台灣國民美食大溪豆乾，「這個就是台灣味。」

沒想到他們合影的唯一要求就是：一定要讓國旗入鏡，令我們感動萬分。

「We came from Taiwan!」那一刻，心中滿是驕傲。

沿途也碰到海外華僑，看到隨身國旗格外興奮，他鄉遇故知，說著相同語言，有著相同膚色，那種血緣的親切是天生的，大家抱在一塊相互勉勵，最後在合照中揮手道別。

行走期間，吳大哥因爲高山症越來越不舒服，一段路程後，團隊也漸漸拉出距離，當A組到達的伙伴已經休息到身體都發涼了，B組才跟上；B組休息的時候，A組再度出發了。

在這樣的情況之下，兩組不斷地拉大彼此的距離感，前路茫茫，前頭走得從容，後頭跟得焦慮，爲未來埋下未知的伏筆。

第六日：二〇一三年十月十日（星期四）
天坡切（Tyangboche）→丁坡切（Digboche）

▲丁坡切（Digboche） 標高 4410M

重新定義資產條件

今天原訂要往觸空（Chukung），因爲行程有些改變，所以改走丁坡切。

丁坡切位於阿瑪丹布朗的山腳下，沿途看到很多人正在建造山屋，這裡的山屋通通藉由人力完成，包含石頭都是手工一槌一槌敲打成形，木工則透過超巨大的人工刨刀，刨成所需形態，再堆積組成可讓人棲身的住所。

聽說一個山屋建構大概需要一年半到兩年的時間，依靠動物的力量協助運送石材、木頭，甚至可能使用到的鋼材、水泥。一個山屋大概合台幣兩百萬到三百萬不等，對當地人而言，擁有一間山屋簡直就是暴發戶。

如果要嫁娶，擁有五頭牛，已經算是有錢人；擁有十頭犛牛，搖身一變成了富豪。在這裡，資產的定義取決於你擁有多少賴以生存的工具，這些工作能夠讓你不斷地生產，獲取實質收入。

當然現金依舊非常好用，甚至部分地區已經提供刷卡服務，這麼高的地方已經滲入純熟的商業模式，這樣的商業行爲，是否會破壞一個如此沉靜安穩的聖地呢？

大家逐步往五千一百公尺高度前進，腳下奇林怪石越來越多，突然發現整個山系的溪谷完全坦露在眼前，讓人有君臨天下的錯覺。

人生處處是風景，身爲一名登山客，沒有犛牛、沒有山屋，兩袖清風，背上沉重的行李就是全數家當，這樣的資產條件，實在算不上什麼排名，但心靈層面可以叫我第一名！

逐次撐大的氣球

越往上走，腳步越加艱辛，有人的腳步已經緩慢下來，腳下的山屋已經變得相當渺小，回首來時路，走過的痕跡都變成微不足道的汗滴。

這幾天晚上我跟蕭大哥多了一些長談的機會，有個問題一直困擾著他：「爲什麼要做高度適應？既然現在大家體力都還可以，爲什麼不一直往前邁進呢？反倒每天多花將近一、兩個鐘頭適應，如果累積起來，挺進的速度應該可以拉快很多啊！」

依據我上回 EBC 經驗，高度適應絕對有其必要性，所以我用自己的方式跟蕭大哥做了解釋。

一顆氣球，如果要把它吹得更大，必須要先施力拉一拉、揉一揉；一個人的心臟跟肺就像這氣球一樣，把它拉一拉，讓它撐大一點，才能增加肺活量，接下來才能夠睡得安穩、走得長遠。假使一直處於壓力狀況之下，難人難以入眠，甚而罹患高山症而喪命。

「如果發生了高山症，唯一的處理方式就是下切！」聽了我的深切分析，他似乎體會出高度適應的重要。

團隊中的吳大哥因為高山症持續發作，準備在此下撤到南集巴札，同時由黃董接手吳大哥的國旗，繼續走向巔峰之路。

第七日：二〇一三年十月十一日（星期五）
丁坡切（Digboche）

衝擊式畫面

持續來到第七天，隨著兩名伙伴的下撤，我們決定在丁坡切多待一日，做足高度適應，也讓大家稍稍減緩心理上的壓力。

根據領隊說法，海拔四千兩百到四千九百公尺會是一個關卡，很多人在丁坡切前往

羅坡切之間，出現難以突破的海拔適應。

在盧卡拉開始，部份團員就嘗試服下預防高山症的藥物，所以到了丁坡切還沒有出現適應不良的問題。

由於海拔高度提高，這天走在冰河湖旁邊，看得出有些隊員體力開始不濟。進入高海拔以後，變得相當寒冷，由於季節進入秋末，已經看不到任何樹木，花草也都枯萎，明顯地感受到寒冬要來了。

美麗的山影景象逐漸地在面前放大，衝擊式地呈現在我們眼前，儘管身軀越來越疲憊，心情卻是喜悅的。

享受餵食，激勵未來

爬到定點休息，好好欣賞眼前美景，再一同分享隨身攜帶的食物，我們稱爲「餵食時間」，此時我們就好像一群飢餓的小鳥一般，響起「我也要」的聲音，食物就一路遞過去，他就沒有聲音了，不然如鳥叫般的「我也要、我也要」的聲音此起彼落。

輝哥想透過相機留存美好記憶，因此一路背著沉重的攝影裝備不停紀錄，伙伴們在四千八百公尺的山頂擺出各種姿勢，還做了「借位親吻」，算是鏡頭下的另類風景。

高度適應結束後，回到山屋，因爲明日即將再次動身，每個人無不把握這難得輕鬆的時間：洗襪子的洗襪子，洗腳的洗腳，利用太陽能聚光加熱器，燒煮開水，準備來杯愜意的下午茶。

有人正在做「犛牛 pancake」，可別誤會這並非甜點，把毫無異味的犛牛糞拍打成一塊塊，曬乾後就成爲山中最佳燃料，也可作爲屋頂瓦片，令人驚嘆自然資源能被運用得如此極致。

夜深了，暖爐燒著犛牛糞，一名剛從島峰（Island Peak）歸來的登山客，和我們同在山屋的餐廳偎著聊天取暖，他分享攀登過程遭遇的問題，剛好伙伴 Mac 也準備完成 EBC 之後，隔兩天往島峰出發，好幾位山友聽見，紛紛表示追隨的念頭。

藉由伙伴的激勵與啓發，大家突然湧起雄心壯志，同時允諾如果 EBC 挑戰完成了，下一階段的目標就是 Island Peak。

當完成設定的理想，下一個目標將自然而然出現，一個偉大企業，永遠都在追趕與超越過去，實現嶄新的當下，挑戰作夢的未來。

第八日：二〇一三年十月十二日（星期六）
丁坡切（Digboche）→羅坡切（Lobuche）

▲羅坡切（Lobuche） 標高 4910 公尺

叫醒我的不再是鬧鐘

沿途可以看見更高聳的山勢，普莫利山（Pumo Ri）七千一百六十五公尺、林全山（Lingtren）六千七百四十九公尺、章子峰（Changtse）七千五百五十公尺、努布峰（Nuptse）七千八百六十一公尺，沿昆布冰河側面，今晚將前往此趟旅程中最高的山屋：羅坡切。

持續前進，坡度越來越高，沿路被高山環伺包圍著，每天叫醒我的，不再是鬧鐘，而是環伺的山峰，望著山幕偶然飄進的雲霧，似乎成了早起最大的滿足。

到達都卡拉（thukla），意味著休息時間到了，因爲接下來要邁入較爲辛苦的路程：哭坡，預計攀升三百公尺。

往後路程由大大小小的碎石構成，有一、二十公分的碎石，也有兩、三米的巨石，

也有一、二十公分的碎石，必須手腳並用，才能越過這一關。

越是艱辛的前路，越能感受共戰的氛圍，大伙士氣昂揚，準備再次衝刺。

此時美玉妹妹用歌聲讓自己步伐更加順暢，我們這群散兵游勇跟著此起彼落唱起歌來，才發現在高山上開演唱會還眞不容易，每一個字都要經過呼吸的適當調節，兩三句便上氣不接下氣，必須趕緊順口氣，才能趕快接回上一句。

零零落落的歌曲，聽在耳裡，笑在心裡。在山神就要出來抗議之際，我們順利抵達哭坡了。

無論是工作或人際生活，總會碰到不順遂的關口，覺得過不去了，彷彿走到極限，只好原地打轉、放棄溝通。

如何在困境之中找到快樂因子，並且享受它？換個念頭與作法，這裡就不會是終點。

或許過程艱辛無比，但是有共識的伙伴能讓你做得分外起勁，因爲清楚知道目的是什麼，核心的意義在哪裡。

節節攀升的意志

哭坡有許多大大小小的瑪尼堆（Marnyi Stone），都是爲了悼念聖母峰殉難者而設置，背後隱藏一段段壯烈的故事，我簡單地計算了一下，約莫有兩三百個。這兩三百個瑪尼堆紀念碑之下，應該有三百位左右的登山勇士，因爲追求至高理想，選擇在喜馬拉雅山留下最後的身影。

「到底是什麼讓他們可以捨棄自己的生命，都願意投身於此呢？」我想應該是那份渴望節節攀升的意志，驅使他們不遠千里，也要踏上險路。

反觀企業人若只是安於舒適圈，怎麼躍上巔峰，超越自我？這番出色卓越的意志，若能加以承襲，勢必能晉身卓越。

我常問自己：「舉凡工作、生活、家庭、學習，我全力以赴了嗎？」如果捨上性命也願意去追求的東西，還有不成功的道理嗎？

第九日：二〇一三年十月十三日（星期日）
羅坡切（Lobuche）→哥拉雪（Kalapatthar）→卡拉帕塔（GorrakShep）

▲哥拉雪（Kalapatthar）標高 5190M

陌生的提醒

當晚，勝雅因爲高山症發作，一直咳個不停，她自己聽見肺部有咕嚕咕嚕的水聲，領隊 Lulu 測量後發現她的血含氧過低，恐怕無法再繼續前進。隔天早上，仍舊咳到極端不適，因此由一名嚮導帶領走回費力切。至此，已經有三名同伴先後下撤了。

我們則往哥拉雪（Kalapatthar）前進，越往上走，發現天色已有濛濛的感覺，幾乎已經看不到什麼高聳植物，只見類似低行或是矮小的植物群。

有一名下山的外國人告訴我：「上面下雪了，很危險，務必小心。」

在經驗值之中，並沒有體驗過高山下雪，因此大家對於這段話沒有特別在意，我們繼續陶醉在壯闊的風景，數著群山一一點名：普莫利山、羅坡切、洛子峰、阿瑪丹布朗、湯坡切、康碟加山、卡拉帕塔……。

越往前進，遠方雲霧慢慢聚攏，開始有細細的雪絲飄落身上，有人換上雨衣，這時才眞實感受到那股寒意，意識晃過那名外國人的善意提醒，卻不以爲意，繼續往前。因爲大家當時有個體認：既然目標清楚，就不用懼怕這些小小的狀況。

此行的好天氣徹底結束，接下來也完全看不見植物了，只剩一堆好像砂石場景觀，不用懷疑，那看似砂石場的地方，就是最大的冰川——昆布冰河。

昆布冰河每年以兩到三公尺的速度往後退縮，曾有預言：如果冰河整個融退，羅坡切的村莊將會整個消失。地面積起薄薄一層雪，風勢逐漸增強，雪越滾越大，我們越走越吃力。

大家開始將全數禦寒裝備穿戴上身，包含手套、帽子、防風衣，唯有高山嚮導個個身懷絕技，不需要特殊設備，挺著身子引導我們前往山屋。

到達山屋之後，預計還有一段高度適應，女性伙伴們顯然筋疲力盡，選擇不參加了。

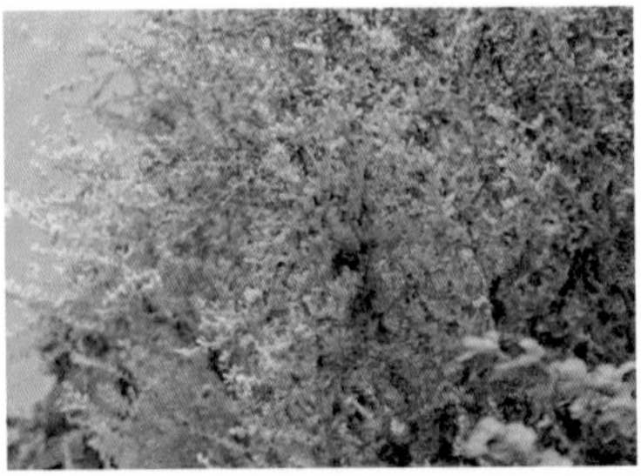

▲卡拉帕塔（GorrakShep） 標高 5545M

對於前進的遲疑

據領隊說，最後一站山屋，離 EBC 只剩下一個小時以內的路程，雖然降下明顯的雪量，大家仍不以爲意地埋頭前進。

我們一群人儘快做高度適應，這段行程格外艱困，大家著起重裝備，前往卡拉帕塔。

雪打在身上，已經帶來很強烈的冰冷，大家除了練習熟悉在雪地裡走路，也練習如何在這樣的低溫環境之下進行拍照、呼吸，並留意伙伴一舉一動，不要讓彼此超出視線之外。

我們只在山頂停留五分鐘，由於風勢與雪勢不斷加大，最後可以用倉皇撤回來形容。依據雪勢加大的速度研斷，明天要前往的預定地，可能有困難了。

「想不到竟然無緣見到聖母峰！」大家圍在山屋餐桌前，眼神凝重，討論紛紛出籠：「我們來這裡的目的是什麼？怎麼能就這樣放棄呢？」「爲什麼下雪不能前往呢？」「會不會有危險？」「明天怎麼辦？」這幾個問號都在用餐結束後，通通化成窗外更大的風雪。

正當大家解散各自進屋，我和蕭大哥才發現床鋪位置因爲靠近邊間，過於潮濕，導致無法避寒，山屋老闆娘親切讓出她的房間，貼心的舉動讓我們十分感激。

此時，外頭的積雪已經深達十公分。

第十日：二〇一三年十月十四日（星期一）
卡拉帕塔（GorrakShep）→哥拉雪（Kalapatthar）→費力切（Pheriche）

放棄也需要勇氣

「無法評估，就無法管理。」——瓊安・瑪格瑞塔（Joan Magretta）

第二天起床，一打開房門，無法前往的事實更加確認。

雪似乎沒有想要停下來的意思，內心突然升起一股念頭：「一定要趕快下撤，再不下撤，我們都會被冰封在這個山屋裡。」

經過隊員快速討論之後，爲了安全起見，大家決定下撤，放下攻頂的想法。

幾乎在短短時間之內，就決定了我們此行的路線，當命運被擺在喜馬拉雅山上頭，什麼是好的決策？什麼又是對的決策？

攻頂需要勇氣，撤離更需要勇氣。

卓越之行，永遠需要如臨深淵、如履薄冰；偉大的領導者，必須在深不可測的世局，抓到準繩，帶領團隊遠離迫切危機。

此時，老闆娘依舊快樂地跟我們聊天，我問老闆娘：「這裡人少，環境如此惡劣，妳喜歡這個環境嗎？」她只回答我：「我生長在這裡，這裡是我的故鄉，我在這裡很自在。」

老闆娘享受她的生活，喜愛她的故鄉，看著一群來來去去的登山客，爲著短暫休息入住山屋。她用熱情迎接登山客，讓每個來到這裡的人都能獲得飽足溫暖，我竟然還反問她：「妳喜歡這裡嗎？」是不是有點不懂知足呢？這樣的境界值得學習。我們只能算是過路人，暫歇一宿，她才是這片山頭眞正的主人。

風雪中行路

決定下撤後，大家加緊收拾行囊，這才發現我們的高山嚮導與挑夫們，竟然通通睡在屋外的帳篷！帳篷顯然已經被大雪覆蓋了三分之二，只露出三分之一，他們卻毫不爲意的安然入睡。

雪已經堆積到六十公分高，這段旅程最大的風險即將跟著降臨。

今天的下撤是非常辛苦的一段路程，除了考驗精神與毅力，也考驗體力與眼力。領隊說先讓德國登山隊先行，踩踏過的積雪會比較好走，緊接著讓犛牛爲我們開路，我們就跟隨在後。

雪地行走拖慢了進度，加上隊友衆多，大家條件不同，午餐稍作休息後，決定照原訂AB兩小隊行走，速度快的先行，慢的集中在一塊尾隨其後，並且各自照應。

途中還遇到其他國家的登山隊同時下撤，雖然前方已經踩踏出一條雪路，但是走起來還是舉步維艱，尤其在下坡路段，不時聽見伙伴跌倒的呼叫聲。

步伐整齊的 A team 速度顯然比較快，B team 一直處於落後的情況之下，大家只好互相精神喊話，攜手同心，踉踉蹌蹌地往山下移動。

期間呂大哥、黃董不時照顧著其他伙伴，不過黃董因爲新鞋與腳型不夠吻合，導致頻頻跌倒。在辛苦的環境之中，伙伴們不斷地滑倒，不斷地站起來，心中閃過：「如果稍一不小心，往左側的山谷跌落下去，就要跟這個世界說再見了。」

漸漸地，A組的身影已經不在視線範圍內，茫茫風雪之下，誰也看不清楚誰，我們不敢稍作停留，遠方似乎有一個風暴即將成形。

雪盲現象

我的裝備裡面沒有雪鏡，走了約兩個小時之後，眼睛開始出現昏白現象，而且眼前景象越縮越小，問了高山嚮導，他說這是典型的「雪盲現象」，所以得盡量依循前方人員的步伐，逐步地往前行走，避免迷失。

嚮導分享一個有用的雪地前進法，將腳跟用力往前踩出，等受力點站穩之後再依序一步一步前進，可以減少滑倒的風險。打滑時，必須適當使用登山杖，可用側走，跟伙伴彼此手牽手，建立互聯行動網。

同樣的，企業要走過風暴，不要怕摔，重點在於眼手鼻心團結一力，度過危險期，就能重新再起。

我們身上只背著簡單行囊就已經摔得七葷八素，可是挑夫要背負這麼大的負荷，就爲了將行囊往下撤到安全地點，這份工作態度，讓人由衷敬佩。

危機時刻，更能彰顯出伙伴的價值，與團隊站在同一陣線，就能找到出路。

大家的心緊緊牽在一起，任何突發狀況，有力的援手就在身旁，往山下移動，再次證明越艱苦的環境，越讓彼此緊密結合。

頭燈照路

從哥拉雪下撤至費力切，本來預計七個鐘頭可走完九百公尺的高度，因爲地面濕滑，落雪不斷，趕路過程跌跌撞撞，期間有人受傷掛病號，只能依靠伙伴們相互支援。

黑夜已經悄然降臨，大家走得既飢渴又疲累，無法在風雪當中有足夠的休息，水份和體力嚴重消耗。

太陽下山之後，我們戴上頭燈，有些人沒有準備這項配備，因此有頭燈的人為沒頭燈的伙伴照路，緩慢涉水渡河，一心希望能夠趕快到達預定的山屋。

四下漆黑，目標彷彿如此遙遠，遙遠到不曉得要走到什麼時候，只有頭上微弱的亮光可以指引方向。

遠方看不見任何的光影，我們只能依循高山嚮導的步伐，他所走的每一步，就是接下來十幾個人要走的路，他發出警告的地方，是我們要避開的地方。

我們成了名符其實的母雞帶小雞，尼泊爾高山嚮導跟挑夫，成了我們最後也最重要的依託。實際上，我們已經把生命交給了一群熱心善良的陌生人。

有經驗的領導人，不只要能帶領伙伴走出困局，還能讓人安心跟隨。

當一個人願意把夢想交到你手上，意味著他相信你能夠帶他築夢成眞。

遠方的光線

大家盡量圍繞在溫暖的暖爐周圍，想把一身濕衣濕鞋烘乾，簡直是不可能的工作，略施休息，讓體力稍微恢復，已經顧不得濕透的鞋襪，再度提起雙腳往前邁進。

雪已積到六十公分高，這段旅程最大的風險即將跟著降臨

走著走著，內心始終期盼前方會有一絲光線，替我們照亮前路，那些已經抵達的伙伴會不會回過頭來找我們呢？

黎明爲人帶來希望，黑暗中的光明使人產生動能，不知過了多久，領隊突然指著前方說：「是山屋的燈火！」不管此話是眞是假，大家因此受到激勵，找到了盼望。

繼續往前走了一兩個鐘頭，時空宛如靜止狀態，只剩下吃力的腳步、沉重的呼息，內心一直抱著A隊伙伴一定會來迎接我們。果然遠遠地，有一個頭燈的光線逐漸接近我們，大家很高興終於有人來指引我們，透過頭燈的搖晃確認，證實「他」是來找我們的。

有人知道你在這裡，看見你還在努力，一個點頭就能彼此肯定。

工作中的一句問候，可以建立和諧緊密的主雇關係；成功的領導人，需要適時的鼓勵下屬，不管是精神或物質條件，你的支持會使他更賣力。

當我們的頭燈彼此互相接近，照見一個熟悉的笑臉，是另一隊的高山嚮導，看他不畏潮濕，跳進溪流，踏在冰冷的水裡，只爲了扶助其中一位成員，不使他再度跌倒，他看待我們如同他看待同胞一樣，這個溫馨的舉動融化了我的心。

越過溪流，兩邊的光點相互會合了。

我們心情變得愉悅，前進速度加快，離遠方山屋的光線越來越靠近，好不容易終於到達熱切渴盼的山屋。

負面的影響

山屋裡有許多團隊已經開始用餐，加上一些條件好的設施都被優先選走了，伙伴們吃著有些不是滋味的飯菜，內心隱隱的難受凸顯了一些實情——革命患難過程，讓B組建立起堅實的伙伴關係；而AB兩組不只拉開了行路的距離，同時幽暗的心結似乎跟著無形加深。

飢寒交迫、生死存亡之際，每個人理所當然捍衛自己生存的權利，企業之間難免互生摩擦，只求利己，重點不在打壓對方、憎恨彼此，惡化關係，而是要如何透過方法，有效解決，在衝突中創造雙贏的合作。

羅姐因爲頻頻滑倒，撞傷腳踝和頭部，導致無法走路，後來由兩位嚮導輪流揹下山，其他伙伴也是扭傷、跌得一團糟。漆黑的山路難行，接下來幾天的下撤，是我們必須面對的課題。

第十一日：二〇一三年十月十五日（星期二）
費力切（Pheriche）→南集巴札（Namche Bazar）

柔軟的智慧

在費力切山屋，跟稍早下切的伙伴勝雅會合，看到她安全在這裡，我們心中很是高興。一名隊友對她說：「妳眞幸運，那時決定下撤的決定是對的！」

勝雅搖搖頭：「沒有啦，爬山是用自己的腳在走，不是別人的腳，只有自己知道行不行，我不想靠外力硬撐，身體發生狀況，那就算了，所以先下來等你們啦！」

聽到勝雅這番話，讓我忍不住對他豎起大拇指，給她一萬個讚。

一個負責任的人，在全盤考量之下，除了不造成別人的負擔與麻煩，也不會勉強自己做過份爲難的妥協，只爲了迎合世俗觀點。企業決策也是如此，進場與退場都不能單單只憑意氣之爭。

隔天要從費力切下到南集巴札，預計下降高度有八百公尺；一早起床，就被眼前的景象嚇一大跳，山屋外的積雪已經有七十公分高，前幾日所見的美麗花樹，現在全

都覆蓋在厚重的雪堆之下。

「這些植物如何在如此惡劣的環境下存活呢？」

嚮導說：「你可能沒發現，高山植物的高度不高，擁有足夠彎腰的韌性，儘管被厚雪覆蓋，等到融雪那日的到來，它會再次伸展枝芽，迎向天空。」

在大自然面前低頭，不是什麼難堪的醜事，更能展現柔軟的智慧；同樣地，輸給對手，也不用感到無地自容，此時的低頭讓人看到自身的弱點，從失敗中反省，就能贏回下次的勝利。

把你當家人在照顧

看到這些積雪，大家心中很清楚，只能持續地下撤，備齊了相關裝備，用了適量餐食，開始動身。

對於雪線的高度沒有清楚的概念，因此不曉得還要走上多久，才能遠離這片蠻荒大雪，不久竟還下起雨來，各自心中早有盤算，也做好心理準備面臨更多不同的突發狀況。經過協商後，由A組先行，B組隨後。

今天一路也要在濕答答的狀態下前進，惡劣天候狀況考驗著團員彼此的默契與裝備，戴著濕冷的手套，雙手一直處於冰寒，從指尖到頭皮直發麻。

犛牛開路之後，大家比較清楚哪些地方可以走，別人走過的路，順著地上的足跡，用雙腳一蹬一蹬地往下撤，行進間也較爲安全。

此時有人行動已經不太方便，少了防滑冰爪，所以就用繩索或是牽拉的方式，一起走下山。

期間高山嚮導、挑夫儘管他們體能也有限，卻以家人的方式來照顧我們，整身濕透只爲了一個目的：把客戶服務到極致，讓我們感受到這趟旅程眞是值回票價。

眞正的服務是連細微都照顧到恰到好處，高過預期的價值，把對方當家人在照顧，別人能？我們爲何不能？

嚮導說漸漸來到雪線的下緣，代表已經遠離高風險區，因爲雪線之後，就不會再有落雪，大家打滑的機率變低，才慢慢能用愉悅的心情欣賞周遭的雪地風光。

我們趕緊留下了美麗的合照，這張合照就是一個象徵，證明這群人曾經努力到訪EBC 基地營的痕跡。

再度摸黑前進，消失的隊友

儘管漸漸遠離了危險狀況，大家的身體負荷上已經達到極限，因此速度也慢了下來，本來預估六小時的行程，走了將近八九個鐘頭還沒抵達。

A組的速度還是相當快，留下B組依舊龜速前進，在高山中摸黑前進，事實上是相當危險的事情，所以必須將伙伴分成數個小團體行動，兩三個人一組，互相協助照顧，才能夠安全達到目的地。

好不容易，終於到達山屋，此時聽見A組的湯滿郎高喊著：「阿智大哥沒有跟上隊伍，到現在還沒歸來！」這個消息，讓我們的心情大受震盪，本來已經準備要用餐，緊急開會討論：「有人在哪裡曾經看過他？」「他曾在哪裡照相？」「同為A組的成員是否有留意到他？」經過分析之後，確認因夜路走丟了。

這時有人提出：「誰來組織一個小小的搜救隊，回到前段尋找失蹤的伙伴？」A組成員本身大都具有高超的搜救技術，因此趕緊組成第一搜救小隊；B組成員自知能力有限，加上體力耗盡，則到南集巴札的小城鎮區，用呼喊名字的方式尋人；高山嚮導和挑夫另外組成第二搜救小隊，出動協尋。

然而山路漆黑濕滑，下撤都極爲吃力，回頭找人更添難度；我們在小城鎮區喊人，多希望阿智大哥只是在這個小小的山莊迷路，萬一在這裡也找不到，那該怎麼辦才好。我們邊走邊談到這樣的狀況：「爲什麼會有人落隊，落到AB兩組的人通通不曉得？」原因到底是什麼？這是此行以來最大的疑問。

時間一分一秒流逝，大家仍然一無所獲，經過了兩三個鐘頭，終於從電話裡面傳來一個令人振奮的消息，在某個村民家裡，找到了阿智大哥，他在那裡用餐完畢，現在跟著高山嚮導以及挑夫一起走回我們居住的山屋。

這眞的是天大的禮物，讓大家都鬆了一口氣。

阿智大哥回到山屋之後，大家先給他一個熱烈的擁抱，問明原委才知道因爲夜色的關係，沒有跟到腳步而走岔了路，還好是在接近村莊的地點迷了路，如果是在山區走偏了，一個岔路可是十萬八千里的差異，一去就是永別。還好阿智大哥具備高山自我分辨的能力，此時才能夠安然無恙地跟大家團聚在一起，結束這場有驚無險的尋人插曲。

第十二日：二〇一三年十月十六日（星期三）
南集巴札（Namche Bazar）→盧卡拉（Lukla）

回到盧卡拉山門

一早，大家的腳步持續往下切，好不容易地，我們終於來到盧卡拉 Pasang Lhamu 山門，通過這個白色拱型山門，意謂著我們已經回到溫暖的地方：盧卡拉。

回到盧卡拉街上，天色尚早，我們來到一間山寨版的 Starbucks 咖啡廳。

在山上不管它是山寨版，還是正版，對於光榮歸來的我們，咖啡都是如此的香甜，我們一群在路途上同甘共苦的伙伴們，能夠坐在這裡品味手中這一杯咖啡，就是十分幸福的事了。

每個人用自己的雙腳，走過登頂之旅，不管是體力或心志，都通過了喜馬拉雅山的淬煉。雖然此行的 EBC 目標沒有達成，我們卻沒有因此氣餒，反而因爲過程許多無法預知的情況，體悟更多工作與人生的道理。

領隊特別安排晚上的慶功宴，要來好好犒賞AB兩隊共二十六人，完成喜馬拉雅山攻頂挑戰之旅，這一趟路程下來，大家的飲食非常節制，幾乎都是茶不足、飯不飽，非常期待慶功宴上面的餐點。

慶功宴，圓滿的落點

累積這些天的疲勞，終於在今晚全面爆發，慶功宴上，大家大口喝酒、大口吃東西，一瓶啤酒大概是挑夫嚮導們一日的工資，為了感謝他們一路上對我們的照顧，今天全都由我們買單，共飲同樂，這次拼酒不拼命。

我們準備了錦旗發給每個人，讓所有伙伴簽上他們的名字，作為一份最佳的紀念。最後就是遺失行李的費用，尚未確定該如何處理，就委由黃董代為協商與溝通，透過適當的費用賠償後，讓它成為此行圓滿的落點。

最後，大伙一起唱起「喜馬拉雅山情歌」，在微醺的夜色裡，讓心如同絲線一般在風中不斷纏繞、飄蕩……

第十三、十四日：二〇一三年十月十七日（星期四）—十八日（星期五）
盧卡拉（Lukla）→加德滿都→廣州→台灣

當記憶還存在歡樂的氛圍之下，就要搭上飛機，離開這個美麗國度了。

我記起剛抵達加得滿都既興奮又緊張的心情，離別的此刻，竟然開始不捨，我用管理的角度重新審視這十四天的歷程，才明白喜馬拉雅山無形中告訴了我許多企業經營的道理。

坐在飛機上，我望著重重疊疊的山稜線，視野變得無比遼闊，那一句「我的心如同絲一般在風中飄蕩，我沒有辦法選擇是要飛翔或是坐在山頭上」，正代表我現在的心情。

喜馬拉雅山情歌

我的心如同絲一般在風中飄蕩
我沒有辦法選擇是要飛翔或是坐在山頭上

一槍，兩槍，瞄準一隻鹿
並不是瞄準著那隻鹿，而是瞄準著我的愛

我的心如同絲一般在風中飄蕩
我沒有辦法選擇是要飛翔或是坐在山頭上

那隻小幼牛在絕壁上遭受危險
我不能棄之不管，我的愛我們一起去吧

我的心如同絲一般在風中飄蕩
我沒有辦法選擇是要飛翔或是坐在山頭上

Resham firiri

resham firiri, resham firiri
Udeyara jounkee dandaa ma bhanjyang
Resham firiri.

Ek nale bunduk, dui nale bunduk,
mirga lai take ko. Mirga lai mailey
take ko hoeina maya lai daukey ko.

Resham firiri, resham firiri
Udeyara jounkee dandaa ma bhanjyang
Resham Firiri

Saano ma sano gaiko bachho bhirai ma, Ram, Ram
Chodreh jauna sakena mailey, baru maya songhai jaum

Resham Firiri, resham firiri
Udeyara jaunkee, dandaa ma bhanjyang
Resham firiri

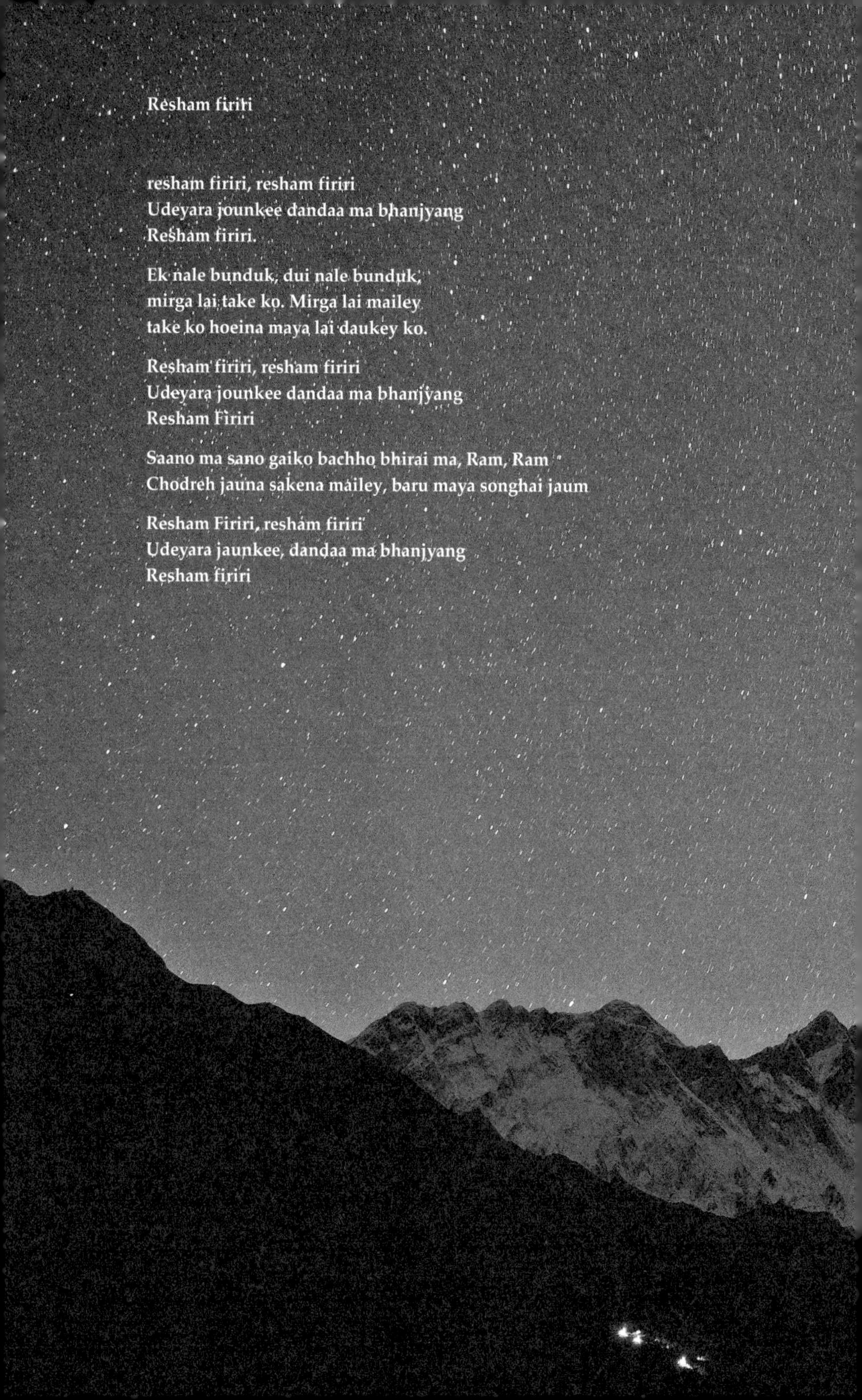

筆記三

Robert 管理關鍵筆記

Do

倍增效益
全賴落實的執行

◭ 一個正向的領導人必須能夠協助驅走負面情緒，帶領組織重新恢復滿沛的能量。

◭ 面對危機，必須先處理心情，再來處理事情，否則事情看似處理完了，心情卻沒有回復，將嚴重影響團隊士氣。

◭ 企業當中擁有犛牛性格的人，他們是公司不可或缺的基石，領導人必須具備卓越的識人眼光，才能看見背後鑽石的質地。

◭ 時時把握嚴峻條件修正經營策略，扭轉別人眼中認定的「匱乏」，開創出獨一無二、嶄新思維的藍海經濟。

◭ 企業若能夠創造趨勢，讓別人一窩蜂效仿跟進，也是一種至高無上的榮譽。

◭ 爬山需要的是耐力，而非爆發力，重點在於雙腳無聲的力量。找對方法做對事，是晉升卓越領導人必備的條件。

◭ 做好管理計畫，自己就是大編劇，上演一場逆轉勝，改寫成功的大結局。

◭ 在人人低頭的世界，能夠看見天空就是一種滿足。

◭ 身爲一名登山客，沒有犛牛、沒有山屋，兩袖清風，背上沉重的行李就是全數家當，這樣的資產條件，實在算不上什麼排名，但心靈層面可以叫我第一名！

▲一個偉大企業，永遠都在追趕與超越過去，實現嶄新的當下，挑戰作夢的未來。

▲卓越之行，永遠需要如臨深淵、如履薄冰；偉大的領導者，必須在深不可測的世局，抓到準繩，帶領團隊遠離迫切危機。

▲企業要走過風暴，不要怕摔，重點在於眼手鼻心團結一力，度過危險期，就能重新再起。

▲有經驗的領導人，不只要能帶領伙伴走出困局，還能讓人安心跟隨。當一個人願意把夢想交到你手上，意味著他相信你能夠帶他築夢成真。

▲工作中的一句問候，可以建立和諧緊密的主雇關係；成功的領導人，需要適時的鼓勵下屬，不管是精神或物質條件，你的支持會使他更賣力。

▲企業的進場與退場都不能單單只憑意氣之爭。輸給對手，不用感到無地自容，此時的低頭更能展現柔軟的智慧。

▲眞正的服務是連細微都照顧到恰到好處，高過預期的價値，把對方當家人在照顧。

Chapter_04 × Check

自我能力檢核——管理錦囊妙計

此次EBC登頂之行，因參與人員衆多，分爲AB兩組，A組成員大多來自「苗栗登山協會社團」，B組成員由各形各色組成「散兵游勇」，體能和程度上的明顯落差，卻讓彼此有了更大的想像空間，A組想像B組緊跟不捨，B組想像A組一路爭先，分組對抗賽的意味濃厚，形成著名的鯰魚效應（catfish effect）。

市場上鮮活的沙丁魚比起快速冰凍保存法來得昂貴，原因在於有無生命跡象。遠征航行無法保證每條魚都能順利存活下來，然而處於含氧不足的陸地／高地就只能等待死亡嗎？

唯有在滿滿的沙丁漁獲當中加入一條鯰魚，攪拌作用使得沙丁魚改變一貫惰性，讓原本歸於靜止的生命激發出活力，得以捱過漫長的航期，保全性命。

登頂途中，具備衝突的想像，前有崇山峻嶺，後有追兵敵仇，彷彿腹背受敵，使得AB兩組能夠忍受艱苦一路咬定牙根前進，完成淬鍊使命。

重新審視與群山的交鋒過程，獲得四個「保全自己與他人」的管理錦囊妙計，提供往後跟隨者一些良善的借鑑。

行動往往只是一個簡單的概念，如何從選擇行動的當下，就確立那份前進的決心，強化「不容錯過」的瞬間，重點在於「三個不」——做別人不會做、做別人不想做、做別人不能做。

「三個不」代表沒有任何藉口：「做，就對了！」離開舒適圈，主動出擊，找到改變的契機。

攀登喜馬拉雅山基地營健行路線，就如同每天爬樓梯一樣，只要一步步有規律的進行，就能爬完整個樓梯，登頂過程只是在每一步當中多加一些崎嶇，不會那麼工整平順。

除了環境這個變動因素之外，還會碰到很多形形色色的人，有的成爲伙伴，有的成爲擦身而過的緣份，豐富了原本單向直線的生命，探索更多可能性。

記得一次參與橫渡日月潭活動，同行伙伴已在游泳池練習過無數次三千公尺，對他而言，橫渡日月潭是易如反掌的事。可是正當潭水逐漸地淹到膝蓋、腰際的時候，這位伙伴突然躊躇不前了。

我帶點玩笑意味對他說：「老大，你的訓練都比我還充足，以你的能力游完三千絕對不成問題，我最遠也只游過五百公尺，你怕什麼？」

這位老大回答：「我不曾游過看不見底的深度，當然會懼怕！」

沒想到望不見底的深潭體驗，形成一道心理障礙，竟讓嘗試過無數練習的人卻步。體能上的極限，能因心中「再撐一下」的念頭，而有所突破；心理障礙同樣需要這份「Yes, you can do!」的信念，能讓自己勇敢躍進潭水，游出勝利。

讓心靈淬鍊身體

同樣一次攀登玉山經驗，那一晚在排雲山莊休息，有一位伙伴因爲些微的高山症，而遲遲無法入睡，一躺下，心臟就劇烈地跳動起來，只好靠坐床沿。

我問他：「凌晨，你還要跟我們上去嗎？」他說：「我今天來這裡的目的，就是要攻玉山頂，哪能在這裡放棄。」

因爲這一句話，那一夜他果眞凌晨兩點起來，讓意志帶著身軀，跟著大伙一塊攻上玉山頂峰。

缺乏自我挑戰意念的人，雖然已在台灣登過百岳，卻從來不敢想像能到喜馬拉雅山。身體是支撐我們朝向目標的外在支柱，需要逐步地鍛鍊與適應，可一路從兩千、三千、三千五的小山，直到台灣最高玉山主峰三九五二公尺，可是沒有去到的高度呢？就讓心靈帶領身體突破極限，邁向另一座高峰。

領導者的影響力

一個喜歡運動的家庭，裡面一定有位特別熱愛運動的成員，由於他對於運動的熱愛程度，鼓動了周遭的人。同樣地，一個快樂的家庭必定有一位樂觀的成員，使快樂的因子能夠輻射開來。

此行 EBC 登頂團隊，由不同背景的成員組合成「有趣的登山團隊」，因爲有趣讓我們變成快樂的團體：遇到爬坡路段可以用唱歌調整呼吸；量血壓時間可以玩「眞心話大冒險」；喝上一杯昂貴的山寨版咖啡也能甘之如飴，既然沿途跌倒就沿路找樂子，使得登山過程樂趣無窮。

一個成功團隊，勢必也會有位懷抱理想，能夠激發伙伴信念的人，這個人可能是員工、可能是老闆，正因爲大家同感這股強大能量帶來的誘發，而造就一個攻無不克的部隊。

套用到工作場域，一個領導者的想法會影響整個團隊走向，你是要讓團隊變成一個快樂有趣的團體，不斷地創造奇蹟，還是死氣沉沉，籠罩在一片烏煙瘴氣，完全取決於領導者要使用哪一面影響力。

古語說：「登高望遠必自卑」，當我越爬越高的時候，更驚覺人類竟是如此微小，在極度貧乏的蠻荒之地，所求所要的只是能夠洗個熱水澡，好好吃頓飯，安心睡上一覺而已。

正是這樣的反覆試煉，讓爭逐與休息之間有了依據，感受行、走、坐、臥的幸福與平靜，再次出發是爲了下一站更美的風景，我們既懂得了當下享樂，更懂得了必要的付出與捨棄。團隊管理也是如此，持續衝鋒陷陣使人疲憊，必要的休兵沉潛，蓄銳養威，才能維持作戰實力。

在崇山峻嶺的磨礪之下，打造出自己與伙伴鋼鐵般的堅強心理，「三個不」因此轉變成——會做、想做、能做，不管眼前是看不見底的深度，抑或從沒去到的高度，將不再有任何困難可以阻擋前路。

登山管理錦囊二：不打結的體能

自我檢查是每天不可或缺的例行性工作，包含了身心狀態的確認：「對於自我身體狀況掌握了嗎？」「心理障礙打破了嗎？」「有沒有適當紀錄心跳速度、血氧容量？」

高山行動，如果發覺口渴現象，要適當地補充水分，切勿一次大量飲用，若是發覺體能開始逐次下降，就應該隨時少量多樣性的攝取高熱量食物，因爲當我們發覺身體狀況已經不允許的時候，才來做補充動作，事實上是相當危險的行爲，有可能因此發生體力耗竭，招致無法抗拒的危險降臨，例如脫水、高山症等。

若是本身體能略差，代謝功能較弱，易造成血液含氧偏低，吃一點當地的咖哩、辣椒等辛香料等食物，有助於刺激血壓，當血壓上升、心跳加速，血氧就會跟著提升。

EBC之行，從盧卡拉開啓登山序幕，一路往五千四百三十五公尺的路徑前進，沿途所需的生活必需品，藉由挑夫、犛牛、驢子、馬的力量不斷地往山上運送。

可以說所有的一切，都是爲了因應登山客的需求而設。如果這條物資供應鏈斷了，可能就會發生危機！

其中包括提供登山客遮風避雨的山屋、茶屋、咖啡屋，搭建山屋所需要的建材同樣借助這些力量搬送到現場，「前人種樹，後人乘涼」的道理不假，我們只需負擔些許費用，就能享受高山上截然不同的風貌，殊不知背後這群無名英雄花費多大氣力。

一個平均體重五十公斤的成年挑夫，要背負重於兩倍以上的物資，更別說當中還有年僅十多歲的小男生，他們似乎無法順利就學，隨父輩投入高山背運的服務工作。在他們厚實的肩膀及背脊上，反觀我們這群登山客三到五公斤的遠征袋，用打結的體能一步一步緩慢推進，在他們眼裡看來簡直不可思議吧。

有伙伴開玩笑說，應該要帶孩子來看看這邊的小朋友，另一個山友則回應：「如果帶小孩子來到這裡，我兒子一定會要我幫他背行李！」這個笑話當中蘊含著文化背景的差異。

相比之下，不免讓人英雄氣短，這微不足道的重量，我們怎麼會做得如此辛苦呢？

年僅十多歲的小男生，隨父輩投入高山背運的服務工作，卻不以背負爲苦，而把玩樂學習藏在苦勞之中

究其原因是沒有生活在那樣的環境之中。

同樣的，什麼樣的公司環境會讓行政人員不斷地進修學習?什麼樣的企業環境能驅使業務人員不斷地積極前進?又是怎樣的工作環境使服務人員長保服務熱誠?

不等環境造就人，以人創造環境

環境可以造就一個人，也足以毀掉一個人，因此企業環境與文化營造，在在提醒主管及領導人的責任有多麼重大。然而環境因素是參與其中的人所共同形塑出來，與其苦苦等待好的環境，倒不如自己改變自己，創造環境。

攻頂過程越到高處，空氣越形稀薄，若用相同的呼吸頻率，將無法滿足身體所需，此時嘗試各種不同的呼吸換氣模式，可以提高身體含氧量。

爲了讓我們的呼吸適應高山環境，每次必須先提高一百至兩百公尺後，再往下撤到預計停留的高度；身體是一個奇妙的器官，當你超越了預定挑戰的高度，再調整回比較低的位置，此時身體的適應能力就會增強。

創業也是如此，挑戰過難的關卡，就會覺得接下來的事情容易多了。

沿途的水源，挑夫捧一把水就往嘴巴送，看起來眞是隨興自在，我也想見樣學樣，挑夫連忙阻止我，當我納悶爲什麼不行？他解釋因爲喜馬拉雅山冰河融水，含有極高礦物質，當地人的腸胃習慣這樣的水源，對於外地人很快就會鬧肚子，這也是適應性的問題。

除了呼吸之外，心跳跟血氧濃度都是登頂過程必須監測的重要項目。呼吸跟心跳之間往往是互爲表裡的關係，當吸不到氧氣，心跳會加速搏動，當心臟過度工作的時候，會使人覺到悶痛，彷彿藉由身體發出警訊，告訴呼吸器官說：「你必須努力，才能夠滿足我循環需要的氧氣！」同時傳達給雙腳：「該停下來休息了，不要那麼累。」心跳指標比天氣，更能精準告訴我們今天行進的狀態。

在四千公尺以上的山屋休眠，只是翻個身，都會讓心跳瞬間加速，感到極度不適。然而加速的脈動並非全然有害，醫學專家提出每個禮拜至少要有兩次到三次，讓心跳維持在一百二十到一百四十之間長達半個小時，當遭遇不同突發狀態，身體才有

辦法負荷高頻率的心跳工作。

因此團隊不能總是養尊處優，需要偶爾注入新的刺激，練兵積粟，才能在全體緊急動員時刻，進可迎敵抗禮，退可自守無虞。

厚植雙腳的力量

如果將攀爬聖母峰換算成一〇一，標高五百公尺的大樓，至少一天要走上十趟，加總起來才能到達海拔高度八千八百四十四點四三公尺。

然而實際登山狀態，並非早上走個五趟，下午走個五趟就能順利換算，有時候只是爲了提升一個高度，就得在山林中不斷上升又下切，再平移、橫越，才能抵達標的，比起爬樓梯來得有趣、有挑戰性。

雙腳可說是登山者的第二心臟，任何攀爬都需要腳的力量。

雙腳的訓練需要長時間的養成，不能奢望它們一下子就能順利爬越山巓，需從低谷先厚植實力。腳有它的記憶性，肌肉也有記憶性，朋友更是如此，把雙腳視爲親密的戰友，和他共同砥礪奮戰，帶領不打結的體能創造奇蹟旅程。

登山管理錦囊三：裝備少哪一樣都不行

對產品質量來說，不是一百分就是〇分。——日本經營之神松下幸之助

對於登山者來說，裝備就是保命工具，最適合自己的物品，就是一百分的物品。

EBC登頂之行，每天準備啓程的時候，都必須再次檢查背包裡面的裝備，根據當日行程，除了備足行動糧及熱水，以及可能使用的藥物：包含丹木斯（Diamox）、威爾剛（Viagra）、紅景天、消炎藥、止痛藥等，都是危急時刻重要的保命用品。

此外，保暖衣物的準備也相當重要，包括了鞋子、衣服、帽子等。

身體暖了，才有氣力拼搏

鞋子的透氣與保暖程度，將影響行走的安穩順妥，建議穿著五趾襪或是套上兩層襪子，薄襪之外加上羊毛襪，讓腳掌處於舒適且保溫的狀態，可避免撞擊與摩擦。雙腳所穿的鞋子，以穿過一段時間的舊鞋爲優先考量。

舊鞋好穿，舊朋友難尋，原因無他，只因爲這雙鞋子最了解你的雙腳，這個朋友熟

悉你的個性，瞭解你的過去，知道如何與你溝通磨合。

鞋子就跟朋友一樣，孔子說益者三友：「友直、友諒、友多聞」，我說益者三鞋：「透氣、防水、合腳形」，不一定非要昂貴的鞋子，合用最重要。

伙伴黃董因為穿了一雙換過鞋底的新鞋，導致他在後段撤退一路摔個不停，高達四十次之多。此時阿輝發揮同胞愛，趕緊將登山杖借給黃董，使他減少跌跤的機會。

企業在先天條件（體質）不佳或後天預備（資金）不足的情況之下，團隊之間更須捐棄成見，能否度過眼前關卡，彼此的互助與心理支援就顯得十分關鍵。

所幸行經路徑並沒有靠近溪溝，而是走在冰河遺跡上頭，才能不因摔跤而摔落山谷，造成難以彌補的遺憾。

試著請領隊或嚮導尋找冰爪，或是能綁縛登山鞋的繩子，可是居然找不到急用物資，這眞是出乎意料之外，我們都忽略作為個人、高山嚮導及領隊必須具有的風險意識及預備品。

後來黃董向我尋求，我二話不說便把袋子剪下供他綁縛鞋底，勉強使冰水不再滲入腳底板。

隔天早上，才發現高山嚮導有一雙布鞋，嘗試換上他的布鞋，雖然短筒鞋有時會有雪水跑進來，但具有抓地力，使黃董不再無緣無故的跌倒，因裝備失誤讓下撤之路走得有驚無險。

「鞋子」這個朋友，可說一失足成千古恨！

衣服的穿脫也要得當，以洋蔥式爲佳，前進過程可能因排汗感到悶熱，此時會把外套甚至外層保暖衣都脫掉，當一停下來休息，要儘快地把穿回衣物，形成保暖層，萬一招致感冒，才是天大災難的開始。

帽子以透氣、防雨、排汗爲主，當地有一個便宜實惠的寶物，我們稱之爲「犛牛帽」，山上每位挑夫都戴有一頂，由犛牛毛織成舒適又保溫的帽子，戴上它就是最佳的保暖物。

其他可依個人需求進行準備，像是一名伙伴在行程第十二天遇到生理期報到，幸好她有所預期而準備生理用品，只是在替換時稍有不便。

輔具足了，就能走得長遠

隨著上攀或下撤，能夠撐住身體不致傾倒的工具，就是登山杖。

當往上攀爬，可以輔助你往上撐；下撤時，能夠協助產生一個面積的支撐，避免跌倒。在山上跌倒是極常見的事情，此時登山杖扮演了重要的角色。

此外，功用不同長短也不同，上攀時，長度要短一些，同時依據個人的身高、條件，調整出最舒適的長度，也要注意它的握把形態與使用狀況，以及扣環的形式是否正對，都將影響往後行進。

當然，手套在我們碰到下大雪的時候，可以靠著它撐住登山杖，不斷地前進。我這次使用的手套可能品質不甚良好，到後來整個濕透，當我操作其他用品，像是相機、手機、其他電子用品等，變成非常不便。

再者，還有一個重要裝備就是頭燈。像我們B組速度比較緩慢，聚焦型的頭燈能讓我們在前進的過程，更加舒適與安全，並給予隊友伙伴溫暖的感受，指引我們安全走向目的地。

因爲行前領隊告知隊友不必準備冰爪，所以全部伙伴都沒有購買及攜帶，使得無法安全行走雪地，然而天候狀況無法預料，先前的領隊經驗完全沒有碰過雪地攀登，因而誤判此行不會遇到落雪。

領導者若沒有完整的風險控管，可能會讓隊員曝露在高風險的狀況下，徒增金錢支出，甚至危及性命；同樣的企業若缺乏未雨綢繆的遠見，輕忽對手，大意行事，連最根本的檢核管理都草率處理，最後將失了標案，虧了營收，面臨財走人散的窘境。

另外一個意外插曲，就是伙伴黃董所帶的相機腳架，在一開始轉機時被海關認定爲凶器，因此重新拖運耗掉頗長的時間，雖然不可思議，也讓我們意識到送運或報關之前，避免可能造成誤會的物品。

*關於登山物品可參考第二章〈山友胡淑玲 EBC 裝備 check list〉，頁 104。

登山管理錦囊四：伙伴是團隊的靈魂

一個團體組織裡面，如何讓伙伴看到適當的願景，事實上是非常重要的。

就拿修築長城這件事來看，當初受到徵招的百姓，也許並不完全曉得城牆的用處，更沒受到領導人的正面鼓勵，只是出於重刑勞役而不得抗命，才有孟姜女哭倒萬里長城的淒婉故事。

就現代管理意義，如果當初告知百姓建造這座規模宏大的軍事工程，將締造人類建築文明史的紀錄，更入選一九八七年聯合國教科文組織的世界文化遺產，這份願景將激發團隊的動能，身為其中一員自當與有榮焉。

成為彼此的共戰伙伴

人是最為不可掌握的因素之一，有時因為各種不同的目的而結合，當目的結束，這種伙伴關係也隨之結束，有點像是專案管理，專案因不同考量，集合適切的人手執行，在限定期間內完成組織交付的工作。

本次攀登喜馬拉雅山基地營可視為一項專案，各路集結的伙伴從未知到認識，從瞭解到深化，過程產生了許多建設性衝突，磨合中進而理解彼此，短短幾天要消融未知與質疑，創造前進的共識，進而迸發出不可思議的火花，建立起伙伴間休戚與共的革命精神。

企業專案執行的過程，要先建立起友善環境，讓團隊融入和諧的氛圍，逐步規劃出清楚的執行面向，才能夠完成共同目標。

對一個團隊組織而言，把目的與方向清楚地揭櫫給所有參與的伙伴瞭解，是非常重要的一件事，如果目的跟方向不夠清楚，就如同生命鏈有了缺口，將沒有辦法牽繫

總體運作，導致前進的意義喪失。

長時間的耐力賽必須要有共同目標作爲支撐，以及可供實踐的願景作爲引導鏈結。走一趟喜馬拉雅山，伙伴們依據自我能力各司其職，一路同甘苦、共患難，成爲彼此的前導與後盾；事業衝刺的過程，也會有一群患難與共的同事，我統稱爲「共戰伙伴」。

就管理層面而言，若領導者老是把「績效、績效，還是績效」掛在嘴邊，不斷催促下屬展開獵殺行動，一時的衝刺大概也只能維持一段時間，最後弄得大家筋疲力竭、無以爲繼，很難和伙伴建立革命情誼。

「當伙伴已經撐不起身了，你還能要求他什麼呢？」

「相對的，他也將不再冀望你能夠給予什麼了？」

正因爲你再也無法滿足他當下的需要。

如何建立起長久的共戰關係，需要培養伙伴的創業精神，當有了共同方向，就能一同努力朝目標挺進，領導人必須留意團隊是否過於緊繃與焦慮，應適時允許並參與伙伴的玩樂時間，當你的部屬認同你，你就成了他們的一份子，自然就建立起伙伴情誼。

一般領導人的兩套思路：績效／玩樂，總在收放之間搞得大汗淋漓，一方面希望員工好好效命，一方面又希望部屬興致高昂，除了藉由精算以取得平衡値之外，還可以嘗試直接在工作中加入遊戲，將會意外發現此舉竟無形提高了辦公效率，當伙伴精力充沛，自然就有高水準的創意展現。

就像登頂此行，我們願意把握踏在喜馬拉雅山上的每個步伐，所以就算遇到丟失行李、飛機延誤、氣候轉變，仍然不改信念，持續奮勇攻堅，正因爲我們懂得享受過程，登頂作爲前進的方向，並不妨礙沿途取樂，要點小幽默或唱首山歌，反而讓我們忘卻起泡的拇指頭，以及好幾天沒洗澡的渾身難受。

派克魚舖（PIKE PLACE FISH MARKET）的四大快樂祕訣，也可以在我們的團隊中得到印證：玩樂攻頂、不虛此行、把握當下、態度正面，使我們獲得難以計量的收穫與成長。

高山嚮導曾告訴我，只要能吃、能睡、能開玩笑和欣賞風景，就不會有高山症的問題，那麼「工作高山症」，要如何克服？檢視當前工作條件，若能在職場領域結交到好朋友，賺取想要獲得的理想報酬，相信這份工作必能讓你樂在其中。

這樣的團隊組成與工作環境其實並不難，看看你周遭的伙伴，他們正在等待你做出決定！

接納異己，擁抱衝突

任何活動組成，不管是一兩個人，或是好幾百人的參與，在尚未展開旅程之前，基本上已經存在著小團體。

我們這次EBC登頂之行，是由二十六人的團隊組成，我、斌甯、蕭大哥已經形成一個互助小團體，另外苗栗登山協會的A組更是一個大團體，雖然看似雜亂成軍、團隊分歧的狀態，卻因為有個共同目標，讓彼此能夠接納異己，擁抱衝突。

一個公司裡面，若是有人完全沒有朋友，少了可以分工合作、傾吐心聲、互相分享、同甘共苦的對象，在群體社會中想要長久存活恐怕會有相當的困難。

最棒的旅行是因為有分享的對象，最棒的工作是因為有人並肩作戰！

如果一個領導者能夠協助伙伴建立人際與朋友網絡，有助穩固團隊之間的關係，就好比陽光、空氣、水一般，當它們結合在一起，對於一株成長中的植物，可以帶來令人讚嘆的能量，以及意想不到的甜美果實。

除此之外，碰到意見衝突才是真正考驗降臨的時刻，一個主動積極的團隊，會透過開會討論，推選出可以解決問題的人選，而這個人選可能就是團隊或專案裡面最重要的領導者。

每個人在衝突事件所表現出來的特質，除了代表個人獨特的立場，更將影響他往後在團隊中的位子與份量。最重要的是在解決問題當中去體驗管理的技巧，並從中培養出自己的應變能力。

好的領導人能夠化衝突爲動能，使伙伴願意信服聽從，在適當時機，讓每個人有發光的機會，實現自我肯定的價值，瀰漫在人際和諧的團隊氛圍，能夠帶給伙伴愉悅的回憶。

筆記四

Robert 管理關鍵筆記

Check
品質價值
有賴過程查核

▲登頂途中，具備衝突的想像，前有崇山峻嶺，後有追兵敵仇，彷彿腹背受敵，使得AB兩組能夠忍受艱苦一路咬定牙根前進，完成淬鍊使命。

▲行動往往只是一個簡單的概念，重點在於強化「不容錯過」的瞬間。

▲「三個不」——做別人不會做、做別人不想做、做別人不能做。沒有任何藉口：「做，就對了！」

▲身體是支撐我們朝向目標的外在支柱，沒有去到的高度呢？就讓心靈帶領身體突破極限，邁向另一座高峰。

▲一個領導者的想法會影響整個團隊走向，持續衝鋒陷陣使人疲憊，必要的休兵沉潛，蓄銳養威，才能維持作戰實力。

▲在崇山峻嶺的磨礪之下，打造出自己與伙伴鋼鐵般的堅強心理，「三個不」因此轉變成——會做、想做、能做，不管眼前是看不見底的深度，抑或從沒去到的高度，將不再有任何困難可以阻擋前路。

▲環境因素是參與其中的人所共同形塑出來，與其苦苦等待好的環境，倒不如自己改變自己，創造環境。

▲團隊不能總是養尊處優，需要偶爾注入新的刺激，練兵積粟，才能在全體緊急動

員時刻，進可迎敵抗禮，退可自守無虞。

▲鞋子就跟朋友一樣，孔子說益者三友：「友直、友諒、友多聞」，我說益者三鞋：「透氣、防水、合腳形」，不一定非要昂貴的鞋子，合用最重要。

▲領導者若沒有完整的風險控管，可能會讓隊員曝露在高風險的狀況下，徒增金錢支出，甚至危及性命；企業若缺乏未雨綢繆的遠見，輕忽對手，大意行事，連最根本的檢核管理都草率處理，最後將失了標案，虧了營收，面臨財走人散的窘境。

▲長時間耐力賽必須要有共同目標作爲支撐，以及可供實踐的願景作爲引導鏈結。

▲領導人必須留意團隊是否過於緊繃與焦慮，應適時允許並參與伙伴的玩樂時間，當你的部屬認同你，你就成了他們的一份子，自然就建立起伙伴情誼。

▲派克魚舖（PIKE PLACE FISH MARKET）的四大快樂祕訣，也可以在我們的團隊中得到印證：玩樂攻頂、不虛此行、把握當下、態度正面，使我們獲得難以計量的收穫與成長。

▲每個人在衝突事件所表現出來的特質，除了代表個人獨特的立場，更將影響他往後在團隊中的位子與份量。

▲好的領導人能夠化衝突爲動能，使伙伴願意信服聽從，在適當時機，讓每個人有發光的機會。

act
io
/ n

Chapter_05 × Action

危機處理——關鍵時刻的因應行動

二十一世紀，沒有危機感是最大的危機。——哈佛商學院教授理查德・帕斯卡爾（Richard Tanner Pascale）

當職場管理學，遇上喜馬拉雅山，會是怎樣的情況？

登頂過程遭遇許多艱困的挑戰，重新回頭審視那段共戰時光，有歡笑有淚水，還記得一路身體所發出求救訊號：「頭痛、喉嚨痛、心絞痛」，我們用「歌聲、笑聲、呼吸聲」加以應對，一一排除，對於迎面而來的衝擊給予正面行動，除了能減緩身體上的不適，更能鼓舞士氣，增強作戰實力。

在公司，你想一成不變，還是突飛猛進？掌握關鍵時刻的危機處理，就能順利攀登職場這座風起雲湧、變化萬千的山峰。

人生有許多困難，幸運的是，學習永遠不嫌晚。

此外，知識如山，閱讀不可或缺，面對心中的大山，知識可以帶給你力量。

「沒有跨不過的凶險，沒有學不來的經驗。」在我的觀點，每個人都具有良好的資質與潛力，就像待雕琢的璞玉，如果細細磨光、鑽研，都能閃耀無比。

只是，要如何認識自我、找到方向？做，就是了。

學生時代參與社團、打工，培養多元專業；進入社會虛心學習、多方嘗試，讓主管看見栽培的價值，當準備越充分，離成功就越近。

個人工作過程，也許會面臨許多突發狀況或困難決定，培養危機處理的能力，不斷地練習與精進，就能往山峰一級一級邁進。

企業管理遇到危機事件，需要即刻討論因應對策，若是放任不理會，小事會造成大問題，大問題則演變成無法解決的經營危機。

接下來，我從 EBC 攻頂之行，找出十種實際遇到的突發狀況，考驗關鍵時刻的處理行動。

你準備好應戰了沒？

登頂管理學實戰演練

◎危機時刻一：購買裝備，還得請上半個月無薪假！

因應心法：做好金錢管理，就能進退有據。

實際行動：參與這次 EBC 登頂之行，必須挪出十四天的空檔，除了要有事前的時間安排，還要有良好的財務規劃，才能心安理得前往追夢之旅。

◎危機時刻二：從沒爬過高山，我的體力夠嗎？

因應心法：從基礎紮根，把握每一次上台的機會。

實際行動：征服高山之前，需要先從小山開始爬起，確實把握每階段的「高度適應」，讓自己一步步領略體能的極限。當體力無虞，再高的山都不是問題。

◎危機時刻三：未有其他認識朋友同行，隊友都是全然陌生。

因應心法：想要得到別人的笑容，自己先微笑。

實際行動：這次 EBC 行程共有二十六員參與，除了苗栗登山協會佔多數之外，其他大都互不相識，然而大家有著共同目標與信念，敞開心懷，不怕沒有同伴。

◎危機時刻四：轉機時行李不見？託人保管的救命裝備弄丟了？

因應心法：除了未雨綢繆，還要能尋求替代方案，才能萬無一失。

實際行動：這次行李遺失有兩種狀況，一是搭機時沒有送達，一是挑夫跌入河中不小心弄丟；既然遺失，伙伴們慷慨提供部份物品，並趕緊尋找裝備補給站，解決了當務之急。

◎危機時刻五：因天候狀況，導致飛機停飛，延誤行程。

因應心法：不能改變的事情，就先喝杯咖啡吧！

實際行動：從加德滿都飛往盧卡拉的小飛機，常因天氣影響航班，當時兩組無法同步抵達，B組必須等到隔日才有班次，既然如此，那就好好享受一頓當地的美味晚餐。

◎危機時刻六：發生雪盲現象怎麼辦？

因應心法：短視近利只會讓你陷落山壁。

實際行動：由於大雪讓我產生短暫失明狀態，若任意前進可能造成跌倒，甚至掉落山崖；工作上的雪盲現象，像是遇到瓶頸或是沒有願景，就必須好好思考下一步，才能找回自己的「雪鏡」與「視力」。

◎危機時刻七：高山上突如而來的病痛。

因應心法：求救無門時，哭喊只會讓你更痛。

實際行動：伙伴因爲牙疼，考量越往高山前進只會面臨更大風險，因此迅速決定下撤尋求醫治，明快正確的決策，解決了自己身體的不適，也避免往後可能造成的問題。

◎危機時刻八：高山充電一次三百元，要是不要？

因應心法：把錢花在刀口上，把氣力用在對的人身上。

實際行動：山上物資有限，尤其是飲食和電，因此越往上走，電力就越昂貴，然而若是需要緊急聯繫或救急，都必須妥協。面對棘手變局，找出翻轉局勢的洞見。

◎危機時刻九：團隊之間的嫌隙。

因應心法：鴻溝都是從一個裂口開始蔓延的。

實際行動：此行AB兩組，一是專業團隊，一是業餘登山者，伙伴們來自不同的背景，藉由每一次碰撞，把握引爆的建設性衝突，進而了解團隊合作的重要，學會更多登山技巧與快樂經驗。

◎危機時刻十：伙伴走失的責任。

因應心法：悶不吭聲只會讓信任愈走愈遠。

實際行動：碰到伙伴走失，大家都震驚萬分，但苦於能力有限，沒辦法即刻提出應變對策，若此時有經驗的隊員能夠出聲，號召組成救援小隊，就能迅速展開行動。適時表達你的關心，傾聽伙伴的需求，就能得到他人的認同。

以上十個危機時刻的模擬情況與實際因應法，除了適用於攻頂當下，也適用於職場上的管理危機。

讓我們掌握關鍵時刻的處理行動，跨越內在障礙，攻佔屬於自己的夢想勝境。

成功領導人的五要件

早在一九六五年成立美國戶外領導學校（National Outdoor Leadership School）的登山教育家保羅．佩卓特（Paul Petzoldt），已經開始教導並培養學生從事戶外活動時所需具備的相關技能，課程內容的重點有以下五點：安全與判斷（Safety & Judgment）、領導統御與團隊合作（Leadership and Teamwork）、戶外生活技能（Outdoor Living Skills）、遠征態度（Expedition Behavior）、環境倫理與研習（Environmental Ethics and Studies）。

以上五點清楚展示危機處理的前備教育，唯有具備安全的判斷、正確的統御、通才的技藝、寬闊的胸襟、人文的薰習，才能成就一個全面性的領導人，由此可見培育一名傑出領導者要煞費多少苦心。

領導人同時也是團隊的一份子，無法丟下伙伴自行成立，因爲沒有群衆作爲基礎，就沒有所謂的領導，除此之外，還必須視整體目標和主要任務爲重，甚至做出有益大局的犧牲，在Give／Take之間，一旦稍有失誤將牽動團隊的信任。

根據一路登頂歷程的反思，歸納出淬鍊成功領導人的五要件，在此一併分享：

魚市場俗諺：「魚都是從頭部開始腐爛發臭的。」

領導人如何不讓自己成為發臭的魚頭，最後把團隊帶進掩埋場，就得具備領航力。

這次 EBC 之行，由於領隊過去帶隊前往喜馬拉雅山基地營的過程，並無下大雪的經驗，因此若是單純只用經驗法則來判斷未來有可能經歷的事情，顯然是一大錯誤。過去沒有碰過下雪，不代表未來不會遇到類似的狀況。此外，如果過去的經驗是成功的，不代表未來一定成功。

所以當登頂途中發生下大雪的情況，逼使整個團隊陷入非常危險的處境，加上很多裝備的因應沒有到位，像是冰爪、頭燈、登山杖等，造成下撤路程驚險萬分。

所幸當地的高山嚮導，憑著高山生存法則，帶領我們一步一步度過危險境地，沿途返回安全路線。這一群沒有碰過高山下雪的伙伴們，因為遭遇強大風雪的侵襲，讓彼此更加地緊密結合，完成一趟不可能的下撤任務。

「變是唯一不變的硬道理」，領導人在風險可以管控的情形之下，有限度地讓團隊暴露在可接受的危險中，也未嘗不是一件好事。

適時跳出安全線，感受變化帶來的刺激與挑戰，如此可以拓展團隊的視野，進而增進危機處理能力。

另外，下山過程有一位伙伴走失了，造成團隊心理上的衝擊。當隊員你一言我一語討論謝大哥什麼時候走失的時候，並沒有什麼實質上的幫助，反而應該立即想出一個方法把人找回來。

在領隊和嚮導的指揮調度下，過程中有了兩次的統合動員，進行搜救作業，期間雖然產生了些許磨擦，卻增加更多關於危機救援的想法，後來謝大哥總算在一個小村落被安全尋獲。

從這次經驗發現，有好的領航力，才能帶領團隊到達正確的方位；擔任領袖位置，若無法有好的決策，不妨借別人的人頭一用，集合專業智囊團意見，減少剛愎自用帶來的缺失。

財務力

當東西方首富將焦點集中轉向於食物革命，就了解未來將是糧食經濟的時代。

同樣地，這次前往 EBC 之行，首先要具備一定的財力基礎，以及購買專業登山裝備等必要性支出，最重要的還是登頂途中的飲食、住宿與意外消費，其中都需要良好的數字管理能力，才能讓自己優游無虞。

領導人需要具備優異的財務觀念，除了個人生活理財，到職場財務損益評估，因爲一踏進辦公室，費用就開始計算了，怎麼能夠不繃緊神經。

現代上班族認眞工作還不一定能夠存到錢，這是什麼原因？

當「月光族」、「窮忙族」、「青貧族」成了就業市場新名詞時，許多人只好洩氣怪罪薪資不漲，但國際原油價格不斷上揚帶動一波波物價狂飆，牽扯出 M 型社會（M-Form Society）貧富懸殊的黑洞，吞噬一個個懷抱熱切夢想的心靈。

當理想成了「茶壺裡煮餃子」——永遠倒不出來，也許你有很好的創意，卻少了實踐的資金，或是有不錯的營收，卻不願意與共同打拼的伙伴分享，只能看著美味的「餃子」卻吃不到「水餃」！

失控的財務將導致難以彌合的對立衝突，有遠見的領導人絕不會讓這種事情發生！

企業必須帶領團隊了解商業運作模式，嘗試對伙伴做出承諾，主導與控制金錢支出流向，撙節有度，除了減少不必要的開銷，更要發展拳頭產品（Hit Products）以外

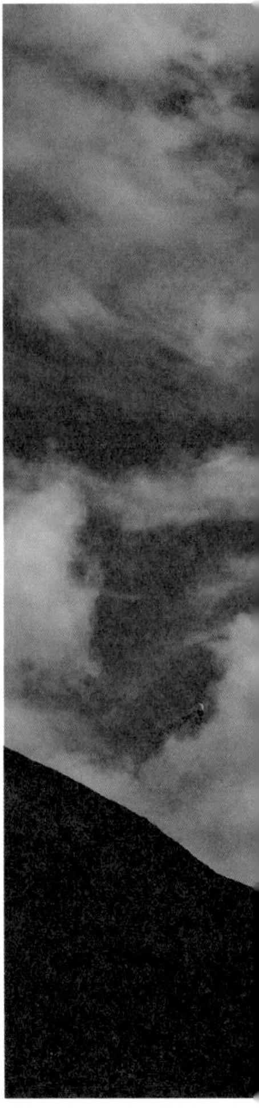

的獲利模式，避免過度聚焦單一競爭，造成產銷風險，並適時將工作績效回饋到員工訓練及薪資上頭，創造勞資雙贏的局面。

識才力

領導人必須信任專業，並且懂得尊重從業人員。

攀登EBC過程，毫無防備的遇到大雪，突然面臨如此劇烈的天氣變化，難免措手不及、陣腳大亂，還好A組擔任苗栗搜救中區總隊的伙伴提供良好的專業經驗，讓大家在持續前進時，擁有莫大的心理建設及安全感。

團隊之中，每個人都擁有自己的長項，若能看見並找出伙伴的優點，就能養兵千日，用在一朝，在關鍵時機發揮最佳救援效果。

我曾經在持續的大風雪中，面臨視線模糊，進而產生雪盲現象，由於先前沒有任何相關處理經驗，途中也沒人特別提醒，後來才經由他人告知發現原來還有這種狀況。

所以在自我知識與經驗不足之下，確實需要有專業人士的帶領，因此登頂途中聘僱尼泊爾當地的高山嚮導，所有路程都在他們掌控之中，加上其中一名高山嚮導攀登過世界第一高峰聖母峰，所以他的高地經驗顯然遠勝我們任何一位伙伴。

只是對於我們這群從未遇過高山大雪的登山客而言，心理上面臨巨大的衝擊，除了害怕不斷跌倒摔落山谷，還得涉水摸黑下撤。然而危機過後，從中摸索出來的經驗，對於日後碰到更嚴峻的狀況，將更懂得做出適當的危機處理與防備。所以從某個面向來看，遭遇風雪確實是此行最大的危機，卻也是最大的收穫點。

一個專案團隊的推進需要一個互相關照的小組，如果互助組員能分工合作，彼此發揮所長，像是CEO（執行長）、CMO（行銷長）、COO（營運長）形成一個企業金三角——「專案的箭頭」，三個箭頭鼎立，基礎就會穩固，將使專案進行得更順暢。

除此之外，在企業運作體系，工作小組的互助網一旦形成，有人決策、有人協助、有人規劃，各司其職，就如同管理學的專案金三角（Triple Constrain），將是成功的關鍵因素。

從一個企業處理緊急應變的過程，就可以從中瞭解他們具備什麼樣的未來性。

就以往的登山經驗來看，十到十二個隊員是最佳的登山人數，一個過於龐大的團隊，將對領導管理上造成極大的困擾。

其中包括團隊相異的組成背景，以及不同的前進速度，領導人都必須掌握得當，並協助分配、引導、調整與溝通。

這次登頂之旅，發生了許許多多的狀況，其中之一就是行李遺失，而面臨遺失的當下，最直接的問題就是伙伴心理的調適。先找出心情的處理方式，再找出事情的處理方法。

身爲一個團隊領導者，理應擔負起安撫情緒與尋找解決之道的重任。

物品本身沒有生命，是人賦予它們意義，從遺失裝備的事件，找到協調溝通的力量。

當伙伴階段性的情緒歸於平穩之後，便可接續行程的安排，並且讓遺失裝備的伙伴，再度進入原來的軌道之中，以符合團隊運行的方向。

不管是高山嚮導或是團隊領導者，當面臨突發狀況或是處理一個饒富爭議的事件，第一個念頭應該是傾聽群衆的聲音，唯有與伙伴站在同一陣線，才能了解問題的根源，時時給予心理輔導、建設、支援，才能讓紛騰不休的爭論眞正落幕，回到平穩安樂的良性發展。

決策力

對企業組織而言，如果能夠擁有這樣一個決策的角色，將是團隊的福氣。

前面提到一名伙伴因爲牙疼提早下撤，他在極短暫的時間內，就決定在當地有限衛生條件之下，把牙齒給拔除了，這顯然是面臨危機管理時，決策者做出的緊急決定。他解決了自己的牙疼問題之後，儘管無法跟著團隊攻上目標，卻能在後續的十幾天，規劃新的遊覽行程，享受加德滿都的城鎭風光。當我們回到加德滿都跟他會合時，團隊伙伴都對他極佳的心理調適能力讚嘆不已。

當然必須要在適當的環境條件配合之下，才能夠有這樣子的結果。

當企業面臨危機時刻，能否在最短的時間內，擷取所能蒐集到的所有資訊，然後在

模糊控制條件（Fuzzy Control）之下，藉由思維推理，做出最明確的判斷，將考驗領導人的決策力。

「成功」並非最寶貴的經驗，反之，成功經驗可能是造成失敗最大的因子。

這次由於領隊沒有遇過下雪經驗，造成團隊毫無預期會在雪地行走，也因此失去相關準備的契機，等於上場作戰才發現沒有武器，只能任憑對手予以攻擊，卻無力反擊，這是領導者嚴重的判斷失誤，使團隊陷入危險境遇。

面對下撤的決定，除了考量保全伙伴們的性命安全，也評斷出確實無法在大雪的情況繼續往前，此時決策者得說服團隊必須同意下撤的原因，安撫無法攻頂的心理。

如同「鱷魚法則」，當一隻鱷魚咬住你的腳，要是再用手試圖扭轉頹勢，將使鱷魚再度咬住你的手，越是掙扎越是無法動彈，陷入流沙困頓的局面。

最好的方式，就是「斷尾求生」，設下行程停損點，捨棄預計前往的終線；犧牲一隻腳需要極大的勇氣，可能連投入的資金都無法回本，但要是不願意懸崖勒馬，及時回頭，到時候覆沒的將是整個身體、整個企業體。

激發攀升工作頂峰的潛力

因應行動是帶領任何團隊，所應具備的的應變能力，唯有面臨危急情況，領導人的力量才得以完全展現。

當企業發生危機的時候，如果團隊能夠同舟共濟，共同發揮個人最大的力量，一起度過險惡的突發狀況，日後這個團隊將累積更多失敗經驗，化爲成功的果實。

因此這次 EBC 攻頂之行，雖然無法眞正到達喜馬拉雅山基地營，卻絲毫不減損我們的興致，反而從中學習到「退場機制」的重要，面對未知，將不再恐懼，並激發攀升工作頂峰的潛力。

捨與得之間，沒有絕對，誰知道我們的下撤，是不是也算一群勇者的血淚證據。

淬鍊成功領導人的五要件：領航力、財務力、識才力、協調力、決策力，在不斷地嘗試與挑戰當中，讓彼此共同成就。

筆記五

Robert管理關鍵筆記

Action

精益求精

來自改善行動

- 人生有許多困難，幸運的是，學習永遠不嫌晚。
- 知識如山，閱讀不可或缺，面對心中的大山，知識可以帶給你力量。
- 做好金錢管理，就能進退有據；當體力無虞，再高的山都不是問題。
- 想要得到別人的笑容，自己先微笑，敞開心懷，每個人都是你的同伴。
- 短視近利只會讓你陷落山壁，工作上的雪盲現象，像是遇到瓶頸或是沒有願景，就必須好好思考下一步，才能找回自己的「雪鏡」與「視力」。
- 把錢花在刀口上，把氣力用在對的人身上。面對棘手變局，找出翻轉局勢的洞見。
- 鴻溝都是從一個裂口開始蔓延的，藉由每一次碰撞，把握引爆的建設性衝突，讓伙伴了解團隊合作的重要。
- 悶不吭聲只會讓信任愈走愈遠，適時表達你的關心，跨越內在障礙，傾聽伙伴的需求，就能得到他人的認同。
- 領導人同時也是團隊的一份子，無法丟下伙伴自行成立，因爲沒有群衆作爲基礎，就沒有所謂的領導
- 「魚都是從頭部開始腐爛發臭的。」領導人如何不讓自己成爲發臭的魚頭，最後把團隊帶進掩埋場，就得具備領航力。

▲「變是唯一不變的硬道理」，適時跳出安全線，感受變化帶來的刺激與挑戰，可以拓展團隊的視野，進而增進危機處理能力。

▲擔任領袖位置，若無法有好的決策，不妨借別人的人頭一用，集合專業智囊團意見，減少剛愎自用帶來的缺失。

▲當理想成了「茶壺裡煮餃子」——永遠倒不出來，只能看著美味的「餃子」卻吃不到「水餃」，失控的財務將導致難以彌合的對立衝突。

▲領導人必須信任專業，並且懂得尊重從業人員。若能看見並找出伙伴的優點，就能養兵千日，用在一朝，在關鍵時機發揮最佳救援效果。

▲一個專案團隊的推進需要一個互相關照的小組，像是CEO（執行長）、CMO（行銷長）、COO（營運長）形成一個企業金三角——「專案的箭頭」，將是成功的關鍵因素。

▲當領導人面臨突發狀況或是處理一個饒富爭議的事件，第一個念頭應該是傾聽群眾的聲音。

▲淬鍊成功領導人的五要件：領航力、財務力、識才力、協調力、決策力，在不斷地嘗試與挑戰當中，激發攀升工作頂峰的潛力。

postscript

Chapter_06

後記：登山管理總體檢

尼泊爾聖母峰第一基地營（EBC）健行計畫，從二〇一三年十月五日出發，歷經十四天的冒險旅程，和伙伴一同面臨各種艱苦的考驗，很高興我們一路挺過來了！

遠見與高度

當我重新審視這段旅程，才發現原來登頂與工作管理有極高的相關性，從行前的準備、休假財務評估、開啓身體鍛鍊、伙伴關係的建立，再到各種危機突發狀況的應對，讓我下定決心用文字整理出這份觀察心得。

高山上所遭遇的功課，對照到自我職場的課題，突然間一切豁然開朗，心念隨著眼前壯闊的山勢，變得暢通無礙。

成功與失敗從來就不能單純就事件結果而論，這次雖然因下雪無法抵達最終目的地，卻因此學到更寶貴的經驗，不管前進或後退，當下的正確決策奠定一名領導人的遠見與高度。

試著拆解「贏」這個字：亡、口、月、貝、凡，就明白說明贏家應該具備的所有條件

——危機意識、溝通能力、時間觀念、財務管理、安於得失；都在登頂途中一一向我們揭示箇中道理。

我們從來不排斥成爲贏家，只要贏過昨日的自己，就是最大的勝利者。

當我飛離喜馬拉雅山，回到都市工作的常軌，卻開始懷念起山上那段充滿挑戰性的生活。

生命始終處於一個動態平衡，唯有死亡才能達到靜態平衡。人生如此，商業環境與企業結構亦是如此，往往一眨眼瞬息萬變，手上的持股就變成一堆廢紙或價值連城的寶物。

因此，作爲登山管理總體檢，不能只著重高山之行的緬懷回顧，還得眞正落實到工作現場，投入下一座更雄偉的山勢。

歷險歸來的我，準備好了，我相信你也是。

成爲照亮別人的一盞明燈

我永遠不會忘記，那段下撤摸黑趕路的過程，在我們體能大量流失，逐漸喪失信念的時刻，一位高山嚮導不畏凶險與寒冷，戴著他的頭燈回頭來尋找我們，當遠遠望見那一盞象徵希望的微弱燈光時，伙伴們的心中激動萬分，彷彿所有的力量又重新找回來了。

工作職涯上的提燈人，能指引團隊走往正確的方向，當你有機會表達對伙伴有幫助的話語或行動，希望你能慷慨地讚美鼓勵，以及不吝嗇地伸出你的手，當下此刻，便成爲照亮別人的一盞明燈。

永遠不要看輕自己，某個適當時機，你也許正扮演「舉燈人」的角色，爲迷茫前行的他人照路。

當然，我們除了自己扮演貴人，在我們人生困頓或脆弱的時候，總有人提供了最佳援手，遞上一杯熱茶，聆聽並開解你的心事；他也許只順手拉了你這麼一把，然後不接受任何回報就悄悄離開了。

我也在登山途中見證許多素不相識的深刻情誼，深深溫暖我的心窩。因此，旅程中最珍貴的照片往往不在相機裏頭，而是留存心底的足跡。

我將這些心得點滴，結合生命觀察與職涯管理，寫成這本書籍，希望藉由這樣一個機緣，鼓勵更多正面臨人生「雪盲狀態」的朋友，讓這盞燈火的力量繼續傳遞出去。

如果你也做足準備，有勇氣願意和我一起面對各種險峻的挑戰，我只想讓你知道：

「來吧，成爲我伙伴！」

挑戰自我 登峰造極

盡在博思

吊車尾留英記

改變生命之旅

作者｜黃鴻程

定價｜220 元

運動是我對生命的承諾

奧運金牌推手

作者｜彭臺臨

定價｜240 元

我在任天堂的日子

作者｜ NINI

定價｜240 元

原來是自己輸給自己

林教授逆轉勝的 10 堂課

作者｜林德嘉

定價｜240 元

Facebook 粉絲團 facebook.com/BroadThinkTank

博思智庫官方網站 http://www.broadthink.com.tw/

博士健康網 http://www.healthdoctor.com.tw/

GOAL 人生淬鍊

精彩內容

原來這才是溝通
用愛堆出滿級分
作者｜吳雅玲、黃昱翔
定價｜240 元

拿到大考作文滿級分
老師在講，你有沒有在聽？
作者｜薛樂蓉
定價｜250 元

懸崖邊的幸福
10 位抗癌鬥士的愛與勇氣
作者｜財團法人台灣癌症基金會
定價｜280 元

爲什麼他們英文這麼好
凱莉老師多益滿分高效學習法
作者｜凱莉老師
定價｜250 元

登頂．喜馬拉雅山的淬鍊：克服挑戰的應變關鍵 / 江衍欣作 . --
第一版 . -- 臺北市：博思智庫，民 103.05
面；　公分
ISBN 978-986-90436-2-5（平裝）

1. 企業領導 2. 組織管理 3. 職場成功法

494.23　　103006052

博思智庫股份有限公司

博思智庫粉絲團　Facebook.com/broadthinktank

GOAL 9
登頂．喜馬拉雅山的淬鍊
克服挑戰的應變關鍵

作　　者　江衍欣
攝影統籌　簡銘輝
攝影協力　江衍欣、謝倩瑩
資料協力　胡淑玲、陳勝雅、黃肇毓、羅節芳
執行編輯　吳翔逸、羅芝菱
專案編輯　吳吳明
美術設計　魏妏如
行銷策劃　李依芳

發 行 人　黃輝煌
社　　長　蕭艷秋
財務顧問　蕭聰傑
出 版 者　博思智庫股份有限公司
地　　址　104 台北市中山區松江路 206 號 14 樓之 4
電　　話　(02) 2562-3277
傳　　真　(02) 2563-2892

總 代 理　聯合發行股份有限公司
電　　話　(02) 2917-8022
傳　　真　(02) 2915-6275
印　　製　永光彩色印刷股份有限公司

第一版第一刷　中華民國 103 年 5 月

定價 280 元　　ISBN 978-986-90436-2-5　